植物组织培养

何旭君　裴珍飞　主编

廖金铃　主审

ZHIWU
ZUZHI
PEIYANG

化学工业出版社

·北京·

内 容 简 介

本教材依托省级精品在线开放课程，校企合作共同编写。全书分为三个模块，第一个模块是组培基础知识，共6个项目，包括组培实验室的规划设计、培养基的配制、外植体的选择及处理、植物组织培养过程及管理、组培苗的驯化移栽与苗期管理；第二个模块是组培应用技术，共2个项目，包括植物脱毒技术和种质资源离体保存技术；第三个模块是组培生产实践，共4个项目，内容有花卉、林木、药用植物的组培生产技术案例和组培工厂化育苗生产。三个模块从基础知识、应用技术到生产实践逐级深入学习，深入浅出、图文并茂，并将产业发展的新技术、新工艺、新成果写入教材，保持教材内容的先进性；同时将思政与职业素养目标融入教材。本教材附有工作手册、活页工单和微课数字资源，便于学生生动形象地领会理解和掌握；工作手册可根据需要自行下载打印；电子课件可从 www.cipedu.com.cn 下载参考。

本教材可以用于农业生物技术、园艺技术、林业技术和中药栽培技术等专业师生的教辅用书，也可供相关专业企事业单位工作人员参考。

图书在版编目（CIP）数据

植物组织培养 / 何旭君，裘珍飞主编. —北京：化学工业出版社，2023.6
　ISBN 978-7-122-43056-4

Ⅰ.①植… Ⅱ.①何…②裘… Ⅲ.①植物组织 - 组织培养 - 教材　Ⅳ.① Q943.1

中国国家版本馆 CIP 数据核字（2023）第 039940 号

责任编辑：迟　蕾　张雨璐　李植峰　　　　　　　装帧设计：王晓宇
责任校对：王　静

出版发行：化学工业出版社（北京市东城区青年湖南街13号　邮政编码100011）
印　　装：中煤（北京）印务有限公司
787mm×1092mm　1/16　印张9　字数196千字　2023年7月北京第1版第1次印刷

购书咨询：010-64518888　　　　　　　　　　　售后服务：010-64518899
网　　址：http://www.cip.com.cn

凡购买本书，如有缺损质量问题，本社销售中心负责调换。

定　　价：48.00元　　　　　　　　　　　　　　　　版权所有　违者必究

《植物组织培养》编审人员

主　　编：何旭君　裴珍飞

副 主 编：赵　静　张华通　莫勇生

编写人员：（按照姓氏笔画顺序排列）

冯慧敏（大兴安岭职业学院）

江碧玉（广州市人和园艺有限公司）

李慧钗（广东生态工程职业学院）

杨运英（广东科贸职业学院）

邱江明（江西环境工程职业学院）

何旭君（广东生态工程职业学院）

张华通（广东生态工程职业学院）

罗纪锋（佛山市高明区鹏力农业科技有限公司）

赵　静（广东生态工程职业学院）

胡松梅（娄底职业技术学院）

莫勇生（广西农业职业技术大学）

贾重建（广东生态工程职业学院）

谢腾飞（广东生态工程职业学院）

裴珍飞（中国林业科学研究院热带林业研究所）

主　　审：廖金铃（广东生态工程职业学院）

前言

我国职业教育全面进入高质量发展阶段，职业教育教材建设应支持国家战略发展，服务经济发展，满足产业结构升级需求，适应产业技术发展，融入新技术、新工艺、新标准、新规范，紧贴工作岗位，对接岗位能力，对接技能竞赛，提高学生的竞赛能力和实战能力，岗课赛证融通，为培养适应产业行业发展需求的高素质技能型人才服务。

植物组织培养作为一门应用型技术，已广泛应用于植物生理、遗传、育种等各个领域，在良种快繁、种苗脱毒、人工种子、单倍体育种、工厂化生产细胞产物等方面得到广泛应用。本教材是根据农业生物技术、园艺技术、林业技术和中药栽培技术等专业的人才培养目标、职业标准和岗位能力的要求而编写的。教材内容结合不同种类的植物组培生产实践案例，介绍组织培养技术的理论知识和工艺流程，通过工作任务实施，强化实践技能的培养。

本教材的编写是根据《教育部关于加强高职高专教育人才培养工作的意见》《教育部关于以就业为导向深化高等职业教育改革的若干意见》的有关精神，以培养面向生产、建设、服务和管理第一线需要的高技能人才为目标，确保教材内容与生产实践相结合。

本教材依托省级精品在线开放课程，校企合作共同编写。以生产和科研为主线，以项目及典型工作任务为载体，构建模块化教学体系。本书内容分为三个模块12个项目，第一个模块是组培基础知识，共6个项目，包括组培实验室的规划设计、培养基的配制、外植体的选择及处理、植物组织培养过程及管理、组培苗的驯化移栽与苗期管理；第二个模块是组培应用技术，共2个项目，包括植物脱毒技术和种质资源离体保存技术；第三个模块是组培生产实践，共4个项目，内容有花卉、林木、药用植物的组培生产技术案例和组培工厂化育苗生产。三个模块从基础知识、应用技术到生产实践逐级深入学习，深入浅出、图文并茂。附有微课视频，形成可听、可视的数字化教材，可扫描二维码观看。将产业发展的新技术、新工艺、新成果写入教材，保持教材内容的先进性。教材融入思政元素，培养学生的职业素养和专业情怀。本教材附有工作手册和活页工单，工作手册可根据需要自行下载打印；活页工单便于学生理解和掌握；数字资源可扫描二维码学习观看；电子课件可从www.cipedu.com.cn 下载参考。

本教材绪论、项目三、九由何旭君编写；项目一由胡松梅编写；项目二由邱江明编写；项目四由冯慧敏编写；项目五、十一由张华通、罗纪锋、江碧玉编写；项目六由杨运英编写；项目七由赵静编写；项目八由谢腾飞编写；项目十由裴珍飞编写；项目十二由莫勇生、罗纪锋编写；工作手册由李慧钗、贾重建编写。本书由何旭君、裴珍飞统稿，廖金铃主审。

本书在编写过程中参阅了众多专家和学者的文献，谨在此表示衷心的感谢。由于编者学术水平有限，不当之处在所难免，恳请广大读者提出宝贵意见，以便修正完善。

编者
2022 年 10 月

目录

绪论

视频：课程介绍

植物组织培养技术在过去的半个世纪中得到了迅速的发展，成为生物工程技术中的重要组成部分和基本研究手段，在农、林业中具有广泛的应用，在优质种苗的快繁、花卉优良性状的保持、脱毒苗的培育、种质资源的保存等方面具有绝对优势。近年来，植物组织培养技术也逐渐应用到了药用植物种苗快繁的生产领域，发挥的作用越来越大。

一、植物组织培养的基本知识

植物组织培养是指在无菌条件下，将离体的植物器官、组织、细胞或原生质体，接种到人工配制的培养基上，在无菌和人为控制适宜的培养条件下，使其生长、分化、增殖，发育成完整植株的过程和技术。由于培养材料脱离了植物母体而培养在试管或其他容器中，所以又称为植物离体培养或试管培养。目前可以人工培养的植物材料包括植物的器官、组织、胚胎、细胞，甚至除去细胞壁的原生质体。

植物组织培养概念中的"无菌"是指在组织培养操作过程、培养环境、使用的操作机械、培养器具、培养基、培养材料等必须处于无真菌、细菌、病毒等微生物的状态，以保证培养材料在培养器具内能正常发育。"人为控制的适宜的培养条件"指满足植物材料正常生长所需要的温度、湿度、光照、气体等环境条件必须能够人工调控。我们将用于离体培养的植物材料统称为外植体。

1. 植物组织培养的理论基础

植物组织培养是以细胞全能性作为理论依据的。植物细胞全能性是指植物体的任何一个细胞都具有该物种的全部遗传信息，离体细胞在一定的条件下具有发育成完整植株的潜在能力。完整植株的每个活细胞虽然都保持着潜在的全能性，但受到所在环境的束缚而相对稳定，只表现出一定的形态及生理功能。但其遗传全能性的潜力并没有丧失，一旦脱离原来所在的器官或组织，不再受到原植株的控制，在一定的营养、生长调节物质和外界条件的作用下，就可能恢复其全能性，细胞开始分裂增殖、产生愈伤组织，继而分化出器官，并再生形成完整植株。这里说的愈伤组织是指外植体因受伤或在离体培养时，其未分化或已分化的细胞重新恢复分裂能力后进行活跃的分裂增殖而形成的一种具有较强分裂活性的、无特定结构和功能的薄壁细胞团。

2. 植物组织培养的过程

在多数情况下，一个成熟细胞要表现它的全能性，需要经历脱分化和再分化两个阶段。

首先成熟细胞脱分化恢复到分生状态，形成愈伤组织，然后进入再分化阶段，由愈伤组织分化形成完整植株。也有的植物在培养过程中由分生组织直接分生芽，而不需经历愈伤组织的中间形式。

（1）**脱分化**　脱分化又叫去分化，是指在一定条件下，已分化的成熟细胞或静止细胞脱离原状态而恢复到原始未分化前状态的过程。细胞脱分化的结果，往往经细胞分裂产生无分化的细胞团或愈伤组织；但有的细胞不需经细胞分裂而只是本身恢复分生状态。愈伤组织是一团无定形、高度液泡化、具有分生能力而无特定功能的薄壁组织。

（2）**再分化**　再分化是指在一定的条件下，经脱分化细胞分裂产生的细胞团、愈伤组织或该细胞本身再次开始新的分化发育进程，转变成为具有一定结构、执行一定生理功能的组织、器官或胚状体等，并进一步形成完整植株的过程。

3. 植物组织培养的特点

植物组织培养是在人工控制的环境条件下，采用纯培养的方法离体培养植物的、器官、组织或细胞，与在自然状态下生长的植物相比，该技术具有以下优点。

（1）**培养条件可人为控制，周年生产**　植物组织培养中的植物材料完全是在人为提供的培养基及气候环境下生长的，摆脱了大自然中四季、昼夜气温频繁变化及灾害性气候等外界不利因素的影响，对植物生长极为有利。因此植物组织培养不受气候和季节的限制，可周年进行生产。

（2）**生长周期短，繁殖速度快**　植物组织培养可根据不同植物、不同器官、不同组织的不同要求而提供不同的培养条件，满足其快速生长的要求，缩短培养周期。一般20～30天就完成一个繁殖周期，每一繁殖周期可增殖几倍到几十倍，甚至上百倍，植物材料以几何级数增加。在良种苗木及优质脱毒种苗的快速繁殖方面是其他方法无法比拟的。一些珍稀繁殖材料往往以单株的形式存在，依靠常规无性繁殖方法，需要几年甚至几十年才能繁殖出为数不多的苗木，而用植物组织培养方法可在 1～2 年内生产上百万株整齐一致的优质种苗。如取非洲紫罗兰的 1 枚叶片培养，经 3 个月培养就可得到大约 5000 株苗。

（3）**管理方便，可实现工厂化生产**　植物组织培养是在人为提供的一定温度、光照、湿度、营养和植物生长调节剂等条件下进行的，不受自然界中病、虫、杂草等有害生物危害，生产微型化、精细化、高度集约化，重复性强，便于标准化管理和自动化控制，真正实现种苗的工厂化生产。与田间栽培、盆栽等栽培方式相比，省去了前期育苗阶段的中耕除草、浇水施肥、病虫防治等一系列繁杂劳动，可大大节省人力、物力及田间种植所需要的土地。

（4）**培养材料来源广泛**　由于植物细胞具有全能性，单个细胞、小块组织、茎尖或茎段等经离体培养均可再生完整植株。在生产实践中，多以茎尖、茎段、根、叶、子叶、下胚轴、花瓣等器官、组织作为外植体，所需材料大小只需 1cm 左右。在细胞及原生质体培养时，所需材料更小。由于取材少，培养效果好，对于新品种的推广和良种复壮都有重大的实践意义。

4. 植物组织培养的基本类型

植物组织培养有很多种分类方法，根据不同分类的依据可以分为不同类型。其中，比较常用的分类如下：

(1) 根据培养材料　植物组织培养分为 5 种培养类型：器官培养、胚胎培养、组织培养、细胞培养和原生质体培养。

① 器官培养：指以植物的根（根尖、根段）、茎（茎尖、茎段）、叶（叶原基、叶片、叶柄）、花器（花瓣、雄蕊）、果实、种子为外植体的离体无菌培养。

② 胚胎培养：指以从胚珠中分离出来的成熟或未成熟胚为外植体的离体无菌培养。

③ 组织培养：指以分离出植物各部位的组织（如分生组织、形成层、表皮、皮层、薄壁组织等）为外植体的培养过程。

④ 细胞培养：指对植物体的单个细胞或较小细胞团的离体无菌培养，获得单细胞无性繁殖系。

⑤ 原生质体培养：指以除去细胞壁的原生质体为外植体的离体无菌培养。通过原生质体融合即体细胞杂交，能够获得种间杂种或新品种。

(2) 根据培养基状态　植物组织培养分为 2 种培养类型：固体培养和液体培养。

① 固体培养：指在培养基中加入凝固剂，培养基是固态的培养。

② 液体培养：指培养基中不加凝固剂，培养基是液态的培养。液体培养又分为静止培养、振荡培养（培养过程中，将培养基和外植体放入振荡器中振荡而完成的培养过程，主要应用于组织培养和细胞培养）、旋转培养（培养过程中，将培养基和外植体放入摇床旋转而完成的培养过程，主要应用于器官脱分化培养）和纸桥培养（培养过程中，在培养基中放入滤纸，再将材料置于滤纸上完成的培养过程，主要用于植物茎尖脱毒培养）。

(3) 根据培养过程　植物组织培养分为 2 种培养类型：初代培养和继代培养。

初代培养是将植物体上分离下来的外植体进行最初培养的过程。初代培养一段时间后，由于营养物质的枯竭、水分的散失以及一些组织代谢产物的积累，将诱导产生的培养物重新分割，转移到新鲜培养基上继续进行培养的过程称为继代培养，也称增殖培养，一般每隔 4～6 周进行一次继代培养。

(4) 根据培养基的作用　植物组织培养分为 3 种培养类型：诱导培养、增殖培养和生根培养。

① 诱导培养：将植物体上分离下来的外植体进行最初几代培养的过程。其目的是建立无菌培养物，诱导腋芽或顶芽萌发，或产生不定芽、愈伤组织、原球茎。通常是植物组织培养中比较困难的阶段。

② 继代培养：将初代培养诱导产生的培养物重新分割，转移到新鲜培养基上继续培养的过程称为继代培养。其目的是使培养物得到大量繁殖，也称为增殖培养。

③ 生根培养：诱导无根组培苗产生根，形成完整植株的过程称为生根培养。其目的是提高组培苗田间移栽后的成活率。

(5) 根据培养过程是否需要光照　植物组织培养分为 2 种培养类型：光培养和暗培养。

暗培养一般是诱导愈伤组织的形成，光培养诱导培养材料的分化。如在脱分化培养阶段，由于光会阻碍组织的脱分化，所以脱分化培养阶段应采用暗培养，在无光的条件下愈伤组织长得更快。

二、植物组织培养的应用

目前，植物组织培养技术已迅速发展为现代生物科学的一项实用技术，其应用范围主要包括以下几个领域。

1. 在优质种苗快繁方面的应用

植物离体繁殖的突出优点是繁殖速度快、植物材料来源单一、遗传背景均一、不受季节和地域自然条件的限制等。通过离体快繁可在较短时期内迅速扩大植物的数量，在合适的条件下每年可繁殖出几万倍，乃至百万倍的幼苗。如1个草莓芽1年可繁殖1亿个新芽；1个兰花原球茎1年可繁殖400万个原球茎。快繁技术加快了植物新品种的推广，以前靠常规方法推广一个新品种要几年甚至十多年，而现在快得只要1～2年就可在世界范围内达到普及和应用。特别是对繁殖系数低的"名、优、新、奇、特"植物品种的推广更为重要。植物组培快繁技术在我国得到了广泛的应用，越来越多的植物组培快繁成功，许多科研单位和种苗工厂进入批量生产阶段。如海南、广东、福建的香蕉苗，云南、上海的鲜切花种苗，广西的甘蔗种苗，山东的草莓种苗，江苏、河北的速生杨种苗等。总体趋势表现为工厂化生产规模越来越大，年生产能力逐年增强，新植物的离体快繁和脱毒技术不断涌现和日趋成熟。

2. 在种苗脱毒方面的应用

用微茎尖作为外植体进行植物组织培养，在无菌的条件下培养，可快速繁殖脱毒的种苗，以保证该品种的品质和产量水平。微茎尖脱毒技术具有恢复原品种特征特性、提高品质与产量、节省种子费用等优点，目前已广泛应用于花卉、果树、药材等方面，效果非常明显。

3. 在植物育种上的应用

植物组织培养技术为育种提供了更多的手段和方法，使育种工作在新的条件下能更有效地开展。

（1）**花药和花粉培养**　通过花药或花粉培养可获得单倍体植株，不仅可以迅速获得纯的品系，还便于对隐性突变体的分离，较常规育种大大地缩短了育种年限。到目前已有几百种植物的花药培养成功，一些作物已利用花粉单倍体育出了新品种，并大面积生产。如1974年我国科学家用单倍体育种育出世界上第一个作物新品种"烟草单育1号"，之后又育出水稻"中花8号"、小麦"京花1号"等大量花粉单倍体培育出来的新品种。

（2）**胚培养**　在远缘杂交中，杂交后形成的胚珠往往在未成熟状态下就停止生长，不能形成有生活力的种子，导致杂交不孕，这使得植物的种间和远缘杂交常难以成功。胚培养是采用人工的方法，将胚从种子，子房或胚珠中分离出来，再放在无菌的条件下，让其进一步生长发育，以至形成幼苗的过程。采用胚的早期培养可以使杂交胚正常发育，产生远缘杂交后代，从而育成新品种。如苹果和梨杂交种、大白菜与甘蓝杂交种、栽培棉与野生棉的杂交种等，胚培养已在50多个科、属中获得成功。利用胚乳培养可获得三倍体植株，再经过染色体加倍获得六倍体，进而育成植株生长旺盛、果实大的多倍体植株。

（3）**细胞融合**　通过细胞原生质体的融合，可部分克服有性杂交不亲和性，从而获得体细胞杂种，创造新种或优良品种。目前已获得 40 多个种间、属间甚至科间的体细胞杂种植株或愈伤组织。

（4）选择细胞突变体　离体培养的细胞处于不断的分裂状态，容易受到培养条件和外界因素如射线、化学物质等影响而发生变异，从中可以筛选出生产有用的突变体，进而育成新品种。目前，用这种方法已在不同的物种上筛选到抗病虫、抗寒、抗盐、抗除草剂毒性、高赖氨酸、高蛋白、矮秆高产等具有某方面特性的突变体，有些已成功用于生产。

（5）植物基因工程　植物基因工程是在分子水平上有针对性地定向重组遗传物质，改良植物性状，培育优质新品种，大大地缩短了育种年限，提高了工作效率，为人类开辟了一条高效的植物育种新途径。迄今为止，已获得转基因植物百余种。植物基因转化的受体材料除植物原生质体外，愈伤组织、悬浮细胞也都可以作为受体材料。几乎所有的基因工程的研究最终都离不开应用植物组织培养技术和方法，它是植物基因工程必不可少的技术手段。

4. 在植物次生代谢产物生产上的应用

利用植物组织或细胞的大规模培养，可以生产一些天然有机化合物，如蛋白质、糖类、脂肪、药物、香料、生物碱及其他生物活性物质等。这些次生代谢产物往往具有一些特定的功能，对人类有重要的影响和作用。目前，用单细胞培养产生的蛋白质，已给饲料和食品工业提供广阔的原料生产前途。用组织培养方法生产微生物以及人工不能合成的药物或有效成分，有些已投入生产。目前，已发现有 60 多种植物，其培养组织中有效物质的含量高于原植物，如粗人参皂苷在愈伤组织中含量为 21.4%，在分化根中含量为 27.4%，而在天然人参根中的含量仅为 4.1%。目前，利用植物组织培养生产的有用次生代谢产物主要集中在制药工业中一些价格高、产量低、需求量大的化合物上，如紫杉醇、长春碱、紫草宁等。其次是油料，如小豆蔻油、春黄菊油等。

5. 在种质资源离体保存上的应用

种质资源是农业生产的基础，由于自然灾害和人为活动已造成相当数量的植物（特别是具有独特遗传性状的物种）消失或正在消失。如果采用植物组织培养的方式，将种质资源的外植体放到无菌环境中进行培养，并置于低温或超低温条件下保存则可以达到长期保存的目的，可节约大量的人力、物力和土地，还可挽救濒危物种。如一个 $0.28m^3$ 的普通冰箱可存放 2000 支试管苗，而容纳相同数量的苹果植株则需要近 $6hm^2$ 的土地。

离体保存的种质资源无菌、材料小、可长期保存，便于地区间和国际进行交流、转移。如草莓茎尖在 4℃黑暗条件下，培养物可以保持生活力达 6 年之久，期间只需每 3 个月加入一些新鲜培养液。再如胡萝卜和烟草等植物的细胞悬浮物，在 $-196 \sim -20$℃的低温下储藏数月，尚能恢复生长，再生成植株。

6. 在植物遗传、生理、生化、病理和环保研究中的应用

植物组织培养已成为植物科学研究中的常规方法，广泛应用于植物遗传、生理、生化、病理等方面的研究。组培获得的培养物不仅不受自然环境条件的制约，而且结构均匀，是研究植物营养代谢和抗逆性的理想材料。由组织培养获得的单倍体、多倍体植株也是研究

细胞遗传的极好材料。

总之，植物组织培养技术作为现代生物工程的重要技术方法，已经渗透到生物科学的各个领域，对农业、医药、环保等产业的发展都产生了巨大影响。可以预计，随着科学技术和社会经济的发展，组织培养技术的应用范围将日趋广泛，发挥的作用也一定越来越大。

三、植物组织培养的学习方法

① 通过一些相关网站和公众号，多关注植物组织培养技术领域动态，了解有哪些植物品种用组培的方法培育成功。

② 植物组织培养是一门实践性很强的课程，除了要掌握组培技术的基本理论知识，还要多进行实践研究。认真做好每一个实验实训环节，培养熟练的动手操作能力，提高观察能力和数据统计分析能力，学会发现问题，解决问题。

③ 培养科学探索及研究能力，在做中学，培养独立分析问题的能力，能尝试制订培养方案，享受组培成功的喜悦，激发学习兴趣与潜能，真正掌握这一门技术的真谛。

 练习与思考

1. 查阅资料，了解植物组织培养技术在现代农业及中药材方面的最新应用情况。

2. 植物组织培养的理论基础是什么？如何理解细胞的全能性？

微课：植物细胞全能性

模块一　基础知识

通过本模块学习，掌握植物组织培养的基本知识和技术线路，包括植物组织培养实验室的构建、培养基的配制、外植体的消毒、继代与生根培养、植物组织培养过程管理和组培苗驯化移栽技术等知识，为后续组培的实践应用打下基础。

思政与职业素养目标

1. 在组培苗的培养过程中培养细心观察、能根据结果进行分析和解决问题的能力；

2. 培养工匠精神，能够将枯燥、单一、重复的接种工作做到耐心娴熟、认真细致，并能进行技术工艺的改进和提升；

3. 在试剂称量和移取工作过程中做到严谨细致，培养科学严谨的工作态度；

4. 在观察统计数据中培养科学态度和科学精神；

5. 在组培瓶等器皿的清洗、组培苗移栽和大棚栽培养护过程中培养劳动意识和吃苦耐劳的精神；

6. 在外植体消毒剂的使用方法中培养环保意识。

项目一　植物组织培养实验室设计与生产准备

 知识目标

1. 掌握植物组织培养实验室设计原则。
2. 掌握组织培养所需要的仪器设备及使用方法。

 项目导入

假如现在要构建植物组织培养的实验室，应如何设计比较合理呢？需要遵循什么原则呢？

必备知识

一、植物组织培养实验室规划设计

1. 植物组织培养实验室的选址及设计原则

组织培养实验室的建设要按照无菌培养条件的要求进行选址和实验室规划设计，按照组培工作流程和生产规模进行设计，布局要科学、合理，通常是按照植物组织培养工作的基本程序建成一条连续的生产线。尽量减少工作人员来回走动，降低污染和提高工作效率。

（1）选址　新建实验室最好选择在空气清新、光线充足、通风良好、环境清洁、水电齐备、交通便利的地方，最好在常年主风向的上风方向，以利于组织培养的顺利进行，降低培养过程的污染率，培育出优质试管苗。规模化生产的植物组织培养实验室最好建在交通便利的地方，以便于产品的运送。也可因地制宜地利用现有房舍，按照实验室的要求改造成组织培养实验室，做到因陋就简，既能开展研究和生产工作，又不花费过多的资金。

（2）原则　组织培养实验室设计时应遵循以下基本原则：

① 防止污染。

② 按照工艺流程科学设计，达到经济、实用和高效的目的。

③ 结构和布局合理，以做到安全、节能和操作方便。

④ 规划设计要与工作目的、规模及当地条件等相适应。

2. 植物组织培养实验室基本组成

植物组织培养实验室必须具备完成组织培养各个过程所需要的基本条件。植物组织培养过程包括实验准备（器皿洗涤、培养基制备、培养基和培养器皿灭菌）、无菌培养和驯化培养。相关的条件要求如下：

（1）药品储存室　药品储存室主要存放组织培养常用的各种化学试剂，如无机盐、有机物、生长调节剂、消毒剂及其他各种生化试剂。室内要求干燥、通风，避免光照，配有药品柜、冰箱等设备。药品柜的设计以内部阶梯式结构比较合理，各种药品摆放应整齐，如图 1-1。可将固体药品与液体药瓶分开、常用药品和不常用药品分开，危险、易燃、易爆、有腐蚀性的药品与普通药品分开进行摆放，危化品需要贮藏于专门的危化品储物柜，如图 1-2。激素类和一些有机试剂必须低温保存。药品储存室须建立药品进库和使用档案，记录药品的购进日期、数量、取用数量、取用日期和使用人员等信息，以利于开展工作。

图 1-1　试剂药品柜

图 1-2　危化品储物柜

（2）**洗涤室**　洗涤室主要用于完成各种器具的洗涤、干燥和保存等，大小应根据生产规模来决定，一般面积在 $10 \sim 20m^2$。在实验室的一侧设置专用的洗涤水槽，用来清洗玻璃器皿。中央实验台还应配置一些水槽，用于清洗小型玻璃器皿。如果生产量大，可以购置一台洗瓶机。地面要求耐湿并且排水良好。该室应具备水池、落水架、干燥器，如烘箱等设备。

（3）**准备室**　准备室进行与实验有关的准备工作。其功能是完成所使用的各种药品的称量、溶解、培养基配制与分装、培养基和培养器皿的灭菌、培养材料的预处理等。该室要求空间大一些，一般在 $30m^2$ 或以上，宽敞明亮，以便放置多个实验台和相关设备，方便多人同时工作。同时，要求通风条件好，便于气体交换；实验室地面应便于清洁，并应进行防滑处理。该室应具备实验台、常用药品柜、水池、冰箱、天平、制水器、酸度计、常用的培养基配制及灭菌的仪器设备等。

（4）**缓冲室**　缓冲室是进入接种室前的一个缓冲场地，减少人体从外界带入的细菌、尘埃等污染物。工作人员在此更衣换鞋，戴上口罩，才能进入接种室和培养室，以减少进出时将杂菌带入接种室。缓冲室应小一些，为 $3 \sim 5m^2$，建在接种室外，保持清洁无菌，备有鞋架和衣帽挂钩，并有专用的实验用拖鞋、已灭过菌的工作服；墙顶安装 $1 \sim 2$ 盏紫外灯用于室内灭菌。缓冲室的门应该与接种室的门错开，两个门不能同时开启，以保证无菌操作室不因开门和人员的进出而带进杂菌。

（5）**接种室**　主要用于植物材料的消毒、接种、试管苗的继代、生根等需要进行无菌操作的技术程序（图 1-3）。无菌操作是植物离体培养研究和生产中最关键的一步。接种室宜小不宜大，一般要求 7 ～ 8m²，要求地面、天花板及四壁尽可能密闭光滑，最好采用防水和耐腐蚀材料，以便于清洁和消毒，能较长时间保持无菌，见图 1-4。配置拉动门，以减少开关门时的空气扰动。接种室要求干爽安静、清洁明亮，在适当位置吊装 1 ～ 2 盏紫外灯，用于室内灭菌。室内需安装空调，使室温可控，门窗紧闭，减少与外界空气对流。该室应具备紫外灯、超净工作台、空调、解剖镜、消毒器、酒精灯、接种器械（接种镊子、剪刀、解剖刀、接种针等）、实验台、小推车等设备。

图 1-3　接种室

图 1-4　接种室、培养室的硅胶无缝地板

（6）**培养室**　培养室是将接种的离体材料进行控制培养生长的场所，主要用于控制培养材料生长所需的温度、湿度、光照、水分等条件。一般要求 20m² 或以上，见图 1-5。培养室的基本要求是能够控制光照和温度，并保持相对的无菌环境，因此，培养室应保持清洁和适度干燥，定期用 20% 的新洁尔灭消毒，以防止杂菌生长。培养室的大小可根据培养架的大小、数目及其他附属设备而定，其设计以充分利用空间和节省能源为原则；培养室的空间宜大一些，根据生产规模而定。有条件的可以设两个或以上的培养室，这样可以根据不同植物或不同的培养阶段而设置不同的条件参数。

图 1-5　培养室

　　培养室最重要的因子是温度，一般保持在 24 ～ 28℃，可用冷暖两用空调进行调节；室内湿度要求恒定，相对湿度保持在 50% ～ 70% 为好，可用抽湿机或加湿器进行调节；光照调节用日光灯，一般需要每天光照 10 ～ 16h，也有的需要连续照明，可安装定时开关，控制光照时间。有些现代组培实验室设计为采用自然太阳光照作为主要能源，可以节省能源。在阴雨天可用灯光作补充。该室应具备培养架、摇床、转床、自动控时器、紫外灯、光照培养箱或人工气候箱、除湿机、加湿器、显微镜、温湿度计、空调、空气过滤装置等设备，见图 1-6、图 1-7。

图 1-6　培养室空气过滤装置　　　　　图 1-7　培养架所用的日光灯

　　（7）驯化室（驯化棚）　组培苗驯化移栽，常在温室或塑料大棚内进行，其面积大小视生产规模而定，要求环境清洁无菌，具备控温、保湿、遮阳、防虫和采光良好等条件。驯化室常配备喷雾装置、遮阳网、防虫网、暖气或地热线等设施，塑料钵、穴盘、草炭、河沙、蛭石等栽培容器和基质原料。

　　以上是植物组织培养实验室的理想设计，实际工作中，可根据工作要求和实际条件，因地制宜、因陋就简地进行设计，不必一应俱全，但要以满足组织培养工作的顺利开展为准，尤其是要确保无菌培养条件。

二、植物组织培养常用仪器设备

1. 常规设备

　　（1）天平　植物组织培养实验室需要 2 ～ 3 台不同精确度的天平。精确度为 0.0001g 的电子天平用于称量微量元素和一些要求较高精确度的实验材料；精确度为 0.1g 或 0.01g 的电子天平，用于大量元素母液的配制和一些用量较大的药品的称量。天平应放置在平稳、干燥、不受振动的天平操作台上，应尽量避免移动，天平罩内应放硅胶或其他中性干燥剂以保持干燥。

　　（2）冰箱　一般实验室用普通冰箱即可，主要用于母液、植物生长调节剂原液和各种易变质分解的化学药品的贮存，还可用于植物材料的低温保存以及低温处理。

　　（3）离心机　离心机主要用于细胞、原生质体等活细胞分离，也可用于培养细胞的细胞器、核酸以及蛋白质的分离提取。根据分离物质不同，配置不同类型的离心机。一般细胞、原生质体等活细胞的分离用低速离心机（图1-8）；核酸、蛋白质的分离用高速冷冻离心机；规模化生产次生物，还需选择大型离心分离系统。

（4）**纯水机**　纯水机是将水中盐类（主要是溶于水的强电解质）除去或降低到一定程度的净水设备（图1-9），为培养基的配制以及培养基母液的配制提供水源。

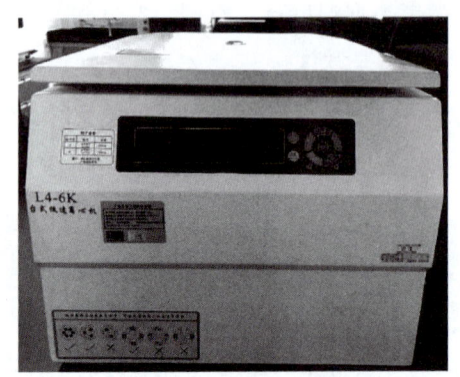 

图1-8　低速离心机　　　　　　　　　　　图1-9　纯水机

（5）**加热器**　加热器主要用于培养基的配制。研究型实验室一般选用带磁力搅拌功能的加热器［图1-10（a）］，规模化大型实验室或工厂使用大功率加热和电动搅拌系统，一般生产也可用普通热水器［图1-10（b）］。

（6）**酸度计**　酸度计用于测定培养基 pH 值，一般用小型酸度计（图1-11），既可在配制培养基时使用，又可测定培养过程中培养基 pH 值的变化；若无酸度计，也可使用精密 pH 试纸进行测定。

  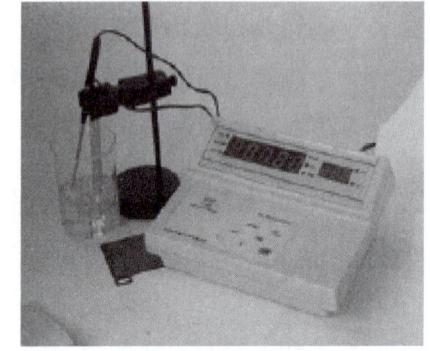

(a) 磁力加热搅拌器　　　　　(b) 普通热水器

图1-10　加热器　　　　　　　　　　　图1-11　酸度计

（7）**培养基分装器**　简单而又方便的设备是在医疗器械商店里买的"吊桶"，在下口管上套一段软胶管，夹一弹簧止水夹即可。少量培养基也可直接用漏斗分装，大规模或要求更高效率时，可考虑采用自动定量灌装机。

2.灭菌设备

（1）**高压蒸汽灭菌锅**　高压蒸汽灭菌锅用于耐热培养基、无菌水、培养器具等的灭菌，是组织培养最基本的设备。高压蒸汽灭菌锅的工作原理是：在密闭且耐压的容器内，通过提高大气压力，实现超过 100℃以上的温度，从而起到灭菌的作用。高压灭菌锅有大型卧式、中型立式和小型手提式等多种型号（图 1-12），可按工作需要来选用。大型高压灭菌锅效率高，而小型高压灭菌锅则使用起来方便灵活。使用时必须注意以下几点。

① 接通电源之前一定要检查是否加水至水位线。

② 灭菌结束后，打开锅盖之前，一定要确定锅内压力为零。

③ 不同规格灭菌锅的操作步骤各不相同，使用前务必阅读仪器使用说明书，并严格按说明书要求进行操作。

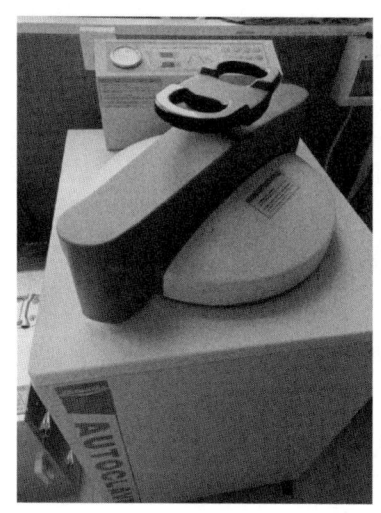

(a) 小型手提式　　　　　　　　　　(b) 大型卧式

图 1-12　高压蒸汽灭菌锅

（2）**干燥箱**　干燥箱用于洗净后玻璃器皿的干燥，也可用于干热灭菌（图 1-13）。用于干燥需保持 80 ～ 100℃；干热灭菌时温度控制在 160℃保持 1 ～ 2h。

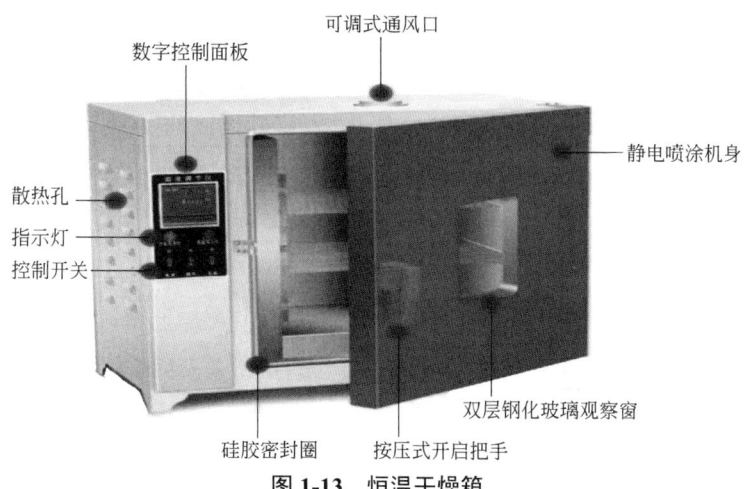

图 1-13　恒温干燥箱

（3）**过滤灭菌器**　过滤灭菌器主要用于一些酶制剂、激素以及某些维生素等不能高压灭菌试剂的灭菌，如赤霉素、维生素 B_1 在高温条件下易被分解破坏而丧失活性，可用孔径为 0.22μm 微孔滤膜来进行除菌。过滤灭菌器主要有真空抽滤式和注射器式（图 1-14）。

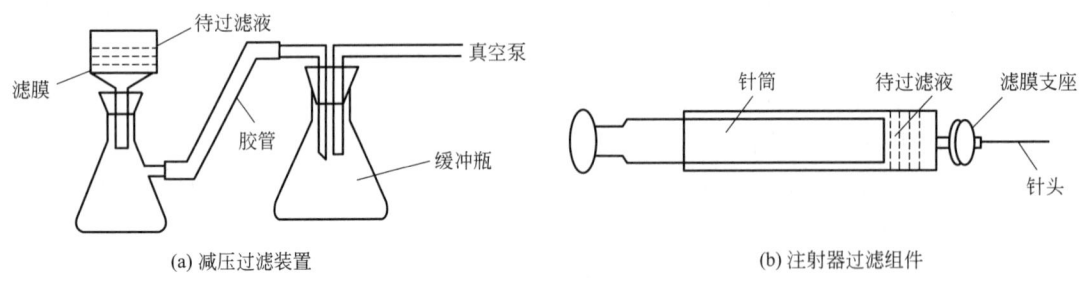

(a) 减压过滤装置　　　　　　　　　　　　　　　　(b) 注射器过滤组件

图 1-14　细菌过滤器

（4）**紫外灯**　紫外灯是方便经济的控制无菌环境的装置，是缓冲间、接种室和培养室必备的灭菌设备，能够保持接种室和培养室内空气的洁净，最大可能达到无菌环境，减少污染可能性。

（5）**臭氧发生器**　通过臭氧熏蒸，来对接种室以及培养室定期消毒杀菌（图 1-15）。

3. 接种设备

（1）**超净工作台**　超净工作台用于培养材料的消毒、切割、分离、转接，是植物组织培养最常用的无菌操作设备，具有操作方便、舒适，工作效率高，无菌效果好，准备时间短等优点。超净工作台有单人（图 1-16）、双人及三人式的，也有开放式和密封式的，由操作区、风机室、空气过滤器、照明设施等组成。通过过滤的空气连续不断吹出，直径大于 0.03μm 的微生物很难在工作台的操作空间停留，保持了较好的无菌环境。由于过滤器吸附微生物，使用一段时间后过滤网易堵塞，因此应定期更换。

图 1-15　臭氧发生器

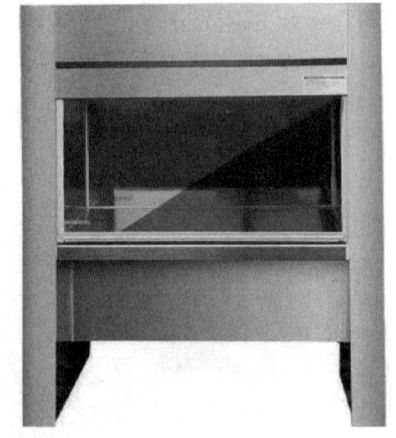

图 1-16　单人超净工作台

（2）**接种工具灭菌器**　接种工具灭菌器用于灭菌接种工具。通常放置在超净工作台上。整机由不锈钢制成，有卧式和立式（图 1-17）两种，内置发热元件和数显控温系统，使用效率高。有的实验室也用酒精灯来作为接种工具灭菌器。

（3）**体视显微镜**　体视显微镜（图 1-18），亦称解剖镜，是指一种具有正像立体感的目视仪器，从不同角度观察物体，使双眼产生立体感觉的双目显微镜。有些还配置有显示器，更加容易观察和操作。体视显微镜对观察体无需加工制作，直接放入镜头下配合照明即可观察，便于操作和解剖，是组培进行茎尖培养脱毒时微茎尖剥离常用的仪器设备。

图 1-17　立式接种工具灭菌器

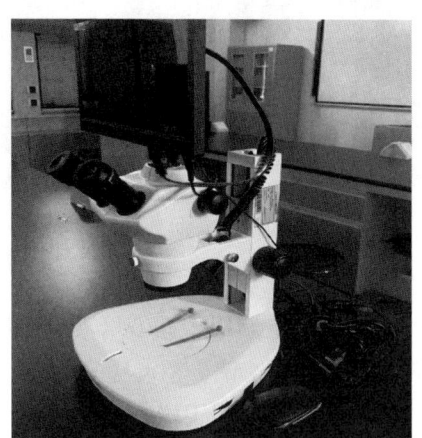

图 1-18　体视显微镜

4. 培养设备

（1）培养架　培养架是目前所有植物组织培养实验室植株繁殖培养的通用设施（图 1-19）。其成本低，设计灵活，可充分利用培养空间，以操作方便、最大限度利用培养空间为原则。培养架大多由金属制成，一般设 4 ～ 5 层，最低一层离地高约 10cm，层间间隔为 40 ～ 50cm，总高度为 1.7m 左右，长度根据日光灯的长度而设计，如采用 40W 的日光灯，其长为 1.3m；30W 的日光灯，其长为 1m，宽度一般为 60cm。光照度可根据培养植物的特性来确定，一般每架上配备 2 ～ 4 盏日光灯。

图 1-19　光照培养架

（2）培养箱　一种具有光照功能的恒温培养设备，能够控制光照和温度，并且有数字显示。广泛用于组织材料的培养和保存（图 1-20）。

图 1-20　培养箱

（3）**空调**　空调用于调节培养室温度，能确保室内温度均匀、恒定。接种室和培养室温度的调控都需要空调。空调应安装在室内较高的位置，以便于排热散凉。

（4）**摇床**　摇床用于培养物的液体培养（图 1-21）。通过摇床的振动来改善液体培养基中的细胞或组织的营养及氧气供应，加快细胞或组织的生长速度，有旋转式和往复式两种类型。摇床的转速可根据需要设定。

（5）**除湿机和增湿机**　除湿机用于在潮湿季节降低培养室内的湿度，防止湿度过高引起大量污染。增湿机用于干燥季节增加培养室内空气的湿度。

（6）**空气净化设备**　空气净化设备（图 1-22）用于净化接种室以及培养室内空气，保证培养室和接种室内空气的洁净。

图 1-21　摇床

图 1-22　空气净化器

（7）**培养器皿**　在植物组织培养过程中需要大量的培养器皿。培养器皿要求由碱性溶解度小的硬质玻璃制成，以保证长期贮存药品及培养的效果；培养器皿还要求透光度好，能耐高压高温，能方便放入培养基和培养材料，根据培养的目的和要求，可以采用不同种类、规格的玻璃器皿。其中以三角瓶、广口瓶、试管、培养皿等使用较多。

① 三角瓶是植物组织培养中常使用的，规格有 50mL、100mL、250mL、500mL 等，一般使用 100mL 三角瓶，无论静置或振荡培养皆适用。三角瓶培养面积大，有利于培养物生长，受光好。由于瓶口较小，亦不易失水和污染。

② 广口瓶常作为试管苗大量繁殖的培养瓶，一般用 200 ～ 500mL 规格的广口瓶。现有耐高温的塑料广口瓶，其规格有 250mL、330mL、350mL 等（图 1-23）；因广口瓶瓶口大，操作方便，可提高效率，减少材料消耗，加上价格低廉、透光好、空间大、材料生长健壮，已被许多组培工厂大量使用。但污染率较高，灭菌和操作要严格，尽量降低污染率。

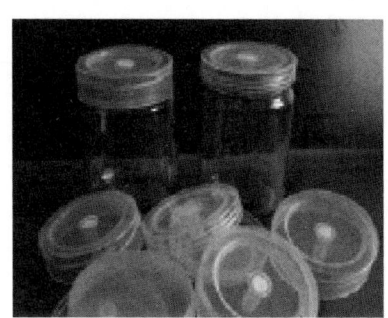

图 1-23　各种规格的培养瓶

③ 培养皿常用 9cm、12cm 直径等规格，要求上下皿能密切吻合。在游离细胞、原生质体、花粉等的静置培养、看护培养，无菌种子的发芽，植物材料的分离等都需采用。

5. 其他器皿工具

组培常用的其他器具还有试剂瓶、烧杯、搪瓷锅或不锈钢锅、容量瓶、量筒、吸管、移液管、接种工具（镊子、剪刀、解剖刀、接种针等）、酒精灯、小推车等。

三、植物组织培养材料用具及环境消毒

植物组织培养过程需要在无菌的条件下进行，所谓无菌是指操作环境中的微生物数量必须降低到许可的范围之内，而非绝对无菌。而无菌环境的实现，一般是通过灭菌和消毒来达到的。灭菌是指采用适当的方法和措施杀死附着在物体表面及悬浮于培养环境（包括空气和培养基）中的所有微生物的过程。消毒则是杀死、消除或充分抑制这些微生物污染源，使之不再发生危害的过程。常用的灭菌与消毒的方法分为物理和化学方法两类。物理方法指的是通过高温、射线、过滤等方法杀死或去除微生物。化学方法主要指使用消毒剂或抗生素等化学试剂杀灭微生物。在实际工作中，要根据不同的对象和要求，选用合适的方法进行灭菌和消毒，才能收到理想的效果。

1. 培养用具灭菌

（1）**干热灭菌**　将玻璃器皿和盛装接种工具的搪瓷盒置烘箱内，设定温度为 160 ～ 180℃，烘烤 1.5 ～ 2.0h，然后断电，待烘箱充分冷凉，才能打开烘箱，以免高温遇冷而使器皿爆裂。灭菌后的玻璃器皿和搪瓷盒（含接种工具）放入接种室。现在也有专门的接种工具消毒器，直接放置于超净工作台上，对接种工具进行干热灭菌。

（2）**湿热灭菌**　培养基及接种盘等用具通常采用湿热灭菌（高压蒸汽灭菌）。

（3）**擦拭和灼烧灭菌**　接种前用 75% 酒精棉球擦拭超净工作台台面，并用 75% 酒精

浸泡接种工具，再在酒精灯火焰上反复灼烧灭菌。

2. 环境消毒

（1）接种室消毒

① 药剂熏蒸：将接种室密闭后，将甲醛 $5 \sim 8mL/m^3$、高锰酸钾 $5g/m^3$ 的用量按先后顺序倒入耐热广口瓶内，利用生产的烟雾熏蒸接种室，50min 后即能达到消毒灭菌的目的。熏蒸前接种室可预湿，以增强熏蒸效果。然后开启房门几天，释放甲醛气体。为了尽快接种，可以用氨水中和甲醛。另外，也可以选择冰醋酸加热熏蒸，但效果不如甲醛熏蒸。

② 药剂喷洒：用 75% 酒精或 0.1% 新洁尔灭喷洒接种室灭菌时，要求喷洒全面、均匀。

③ 紫外线照射：接种前打开紫外灯，照射 $20 \sim 30min$。

（2）培养架消毒
双手戴乳胶手套，用干净的棉布块蘸 75% 酒精或 0.1% 高锰酸钾溶液擦拭培养架。

（3）地面消毒
用洗衣粉水或消毒粉水拖地。一般每周拖地 1 次。

3. 无菌操作

在组培快繁中无菌操作是无菌技术的核心，操作人员要严格按无菌操作程序进行操作，使操作环境中的微生物降低到许可的范围内，并保证操作过程的无菌，从而防止污染的发生。

① 接种时，应提前 20min 打开接种室和超净工作台的紫外线灯。

② 操作人员在缓冲室穿戴灭菌的工作服、帽子，戴好口罩进入接种室。

③ 工作人员在操作前必须剪掉指甲，用肥皂清洗双手后，再用 $70\% \sim 75\%$ 酒精擦洗。

④ 操作时，工作人员坐端正，呼吸均匀，头不要伸进工作台里面，操作过程中严禁交谈以防引起污染。

⑤ 在超净工作台里面操作时，手不能直接触摸无菌的外植体材料及用具，不要过多搅动里面的气流。

⑥ 接种操作前应用 75% 酒精擦拭工作台面和双手，避免交叉污染，如接种工具被手或其他物体污染后再次使用会引起培养基或培养物的污染。

⑦ 接种时，先将培养瓶口在酒精灯火焰上灼烧，培养瓶要倾斜，避免空气中的微生物或孢子落入培养瓶内。

⑧ 要防止交叉污染的发生。接种工具如刀、镊子等每次使用前都应放入台式灭菌器灭菌，或经 $70\% \sim 75\%$ 酒精浸泡后在火焰上反复灼烧，放凉后再接种，否则会烫伤植物材料，用后的接种工具仍然要在酒精灯上灼烧灭菌或插入台式灭菌器中。

⑨ 凡已灭菌的物品或植物材料在超净工作台上处于敞开状态时，应将其放在靠近超净台的出风口的一侧，工作人员的手尽量不从这些物体的表面上方经过。已消毒的外植体、接种工具不得接触工作台面、培养瓶外壁及各种物体表面。

⑩ 工作台面上不能堆放过多的杂物，以免影响超净工作台吹出的无菌空气的流通而降低超净工作台的灭菌效果。

四、培养器皿的洗涤

在植物组织培养过程中，对所要用到的玻璃及塑料器皿、金属器具等组织培养工具必须进行彻底的清洗，以确保其具有较高的洁净度，防止污染的发生。

1. 玻璃及塑料器皿的洗涤与干燥

组织培养所用的玻璃器皿，无论是新购置的还是已经用过的，其表面（尤其是内表面），常常会附着有游离的碱性物质、培养基残留物、金属离子、微生物污染源等多种物质，这些物质不仅会造成污染，而且可能有毒害作用，对培养物存在着极大的不利影响。因此使用前对这些器皿进行洁净洗涤是十分必要的，也是做好组培工作的前提和关键。

组织培养实验室常用的洗涤剂有肥皂、洗洁精、洗衣粉和铬酸洗涤液等，其中铬酸洗涤液具有极强的氧化能力和腐蚀作用，使用时请勿用手直接接触。

（1）**新购置玻璃器皿的洗涤**　新购置的玻璃器皿或多或少都含有游离的碱性物质，使用前要先用 1% 稀盐酸溶液浸泡一夜，再用肥皂水洗净，清水冲洗后，再用蒸馏水冲洗 1 次，晾干后备用。

（2）**日常用过的玻璃器皿的洗涤**　先将器皿中的残渣除去，置于洗衣粉或洗洁精水中浸泡，用瓶刷沿瓶壁上下刷动并呈圆周旋转，注意瓶外四周、瓶底及瓶口刷洗，还要洗去瓶壁上记号笔做过的标记。洗后用清水冲净或放入清水中漂洗，彻底洗去洗衣粉或洗洁精残留物。最后用少量纯净水冲洗，晾干备用。

对于已被污染的玻璃器皿则必须在高压蒸汽灭菌后，倒去残渣，用毛刷刷去瓶壁上的培养液和菌斑后，再用清水冲洗干净，晾干备用，切忌不可用水直接冲洗，否则会造成培养环境的污染。

（3）**塑料器皿的洗涤**　首次使用的塑料器皿可先用 8mol/L 尿素（用浓盐酸调 pH 为 1）溶液清洗，再依次用蒸馏水、1mol/L KOH 溶液及蒸馏水清洗。内壁上附着的金属离子可以用 1～3mol/L EDTA（乙二胺四乙酸）清洗除去，最后用蒸馏水漂洗干净晾干备用。之后每次使用时，可只用 0.5% 的去污剂溶液清洗，然后用自来水和蒸馏水洗净即可。

吸管、滴管等较难刷洗的用具，先放在铬酸洗液中浸泡数小时，取出后流水冲洗半小时左右，再吸蒸馏水冲洗 1～2 次，晾干备用。注意首次使用前，必须用洗液泡洗。

凡洗净的玻璃及塑料器皿，内外壁水膜均一，不挂水珠，否则就表示尚未洗净，应按照上述方法重新洗涤。

2. 金属器具的洗涤与干燥

新购置的金属用具表面上有一层防锈油或润滑油，需用热肥皂水洗净，并用清水冲洗后，擦干备用。用过的金属用具，用清水洗净，擦干消毒备用。

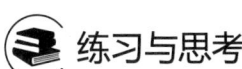 练习与思考

1. 为什么接种室和培养室的地板最好选择无缝硅胶地板？

2. 接种室之前，为什么要设有缓冲室？

3. 常用哪种方法进行空气消毒？

4. 为什么组织培养需要在无菌的环境条件下进行？

微课：组培生产车间的规划布局　　　　　微课：培养基和接种用具的灭菌技术

任务一　培养器皿的洗涤

【任务目的】

学会组织培养实验室常用玻璃及塑料器皿的洗涤，培养热爱劳动、踏实肯干的工作作风。

【任务准备】

新购和用过的培养瓶、锥形瓶、量具等；重铬酸钾、盐酸、市售洗涤剂和洗衣粉、高锰酸钾、95%的乙醇、蒸馏水等洗涤用品；磁力搅拌器、烘箱、高压灭菌锅、分析天平、电炉、铝锅、塑料盆、塑料桶、烧杯（500mL、1000mL）、容量瓶（500mL、1000mL）、量筒（100mL、500mL 等）、试管夹、试管刷、玻璃棒、晾干架、橡胶手套、周转筐等。

【任务实施】

1. 配液

根据洗涤玻璃器皿的数量和盛装洗涤液的器具大小，分别配置75%乙醇溶液、0.1%～1%高锰酸钾溶液、1%稀盐酸溶液、4%的重铬酸钾溶液、10%～20%洗衣粉溶液、洗洁精等。

2. 分类洗涤

（1）新购玻璃器皿的洗涤方法　洗涤流程如图 1-24 所示。

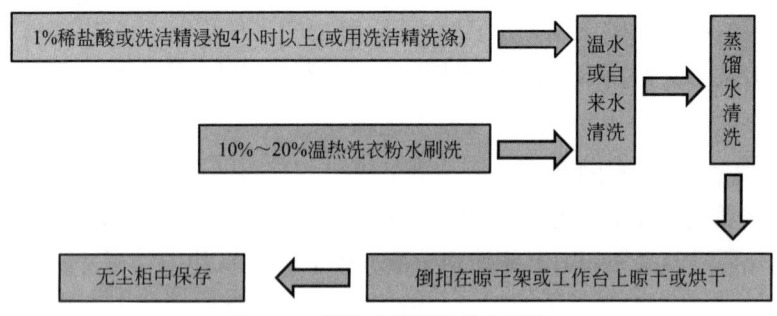

图 1-24　新购玻璃器皿洗涤流程

（2）用过的玻璃器皿的洗涤方法　洗涤流程如图 1-25 所示。

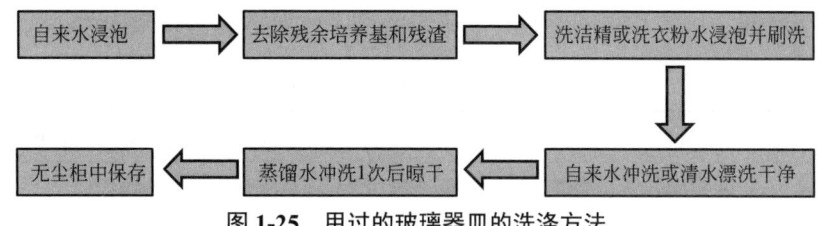

图1-25 用过的玻璃器皿的洗涤方法

（3）**污染瓶（管）的洗涤方法** 用0.1%高锰酸钾溶液浸泡消毒或高压灭菌后清洗。

（4）**移液管、量筒（杯）和容量瓶的洗涤方法** 在洗衣粉水或洗液中浸泡若干小时或用95%乙醇溶液反复清洗数次后，带上橡胶手套或用试管夹取出器皿，经流水冲洗干净后再用蒸馏水清洗 $1 \sim 3$ 次，然后将移液管、量筒（杯）分别倒放在移液管架或工作台上，垂直晾干，容量瓶置于工作台上，自然晾干。

3.洗涤标准

玻璃器皿洗后透明锃亮，内外壁水膜均一，不挂水珠，无油污和有机物残留。

4.注意事项

部分洗液具有腐蚀性，使用时要格外小心，应戴上手套刷洗物件。

【结果与评价】

将结果与记录填入工作手册中，并完成任务评价。

结果与评价表单

任务二 培养用具及培养环境灭菌

【任务目的】

树立无菌意识，养成良好的无菌操作习惯；会进行培养用具及培养环境的灭菌。

【任务准备】

培养基、手术刀、手术剪、镊子、实验服、口罩、帽子、定性滤纸、高压聚丙烯塑料袋、线绳或橡皮筋、脱脂棉球、铝箔、干净的棉布块、75%乙醇、0.1%新洁尔灭、消毒粉等；臭氧发生机、医疗手提式高压湿热灭菌器、液体过滤灭菌装置、细菌过滤灭菌器、烘箱、电子天平、移液枪、酒精喷壶、周转筐、培养瓶、隔热手套等。

【任务实施】

1.培养基及工作服灭菌

培养基、工作服、接种用的无菌纸、接种碟等用品通常采用高压湿热灭菌，将培养基、工作服、接种用的无菌纸、接种碟用报纸包扎好后放置高压锅内进行灭菌。

（1）**灭菌时间**　培养基高压湿热灭菌所需的最少时间见表 1-1。

表 1-1　培养基高压湿热灭菌所需的最少时间

体积 /mL	在 121℃灭菌最少时间 /min
20 ～ 50	15
75 ～ 150	20
250 ～ 500	25
1000	30

（2）操作步骤

① 加水装锅：打开锅盖，加入蒸馏水，至超过锅底搁帘约 1cm，然后放入内锅，装入灭菌物品，盖上锅盖，对角线上紧螺旋。

② 通电升压：排冷空气，待指针回零后，关闭放气阀，使灭菌锅升压。

③ 保压：当压力达到 0.10MPa 时，维持 15 ～ 30min 的灭菌时间。

④ 降压排气：灭菌结束后断开电源，当压力指针下降为零后打开放气阀，排放余气。

⑤ 出锅冷却：当高压锅内余气排尽后，戴上隔热手套，开锅取物，并用周转筐运至接种室或冷却室，待培养基冷却凝固后方可使用。

（3）使用时的注意事项

① 装锅时，不要装得太满或堵塞安全阀的出气孔，必须留出空位，保证锅内蒸汽畅通。

② 灭菌液体时，应该用耐热玻璃瓶灌装，灌装以不超过 3/4 体积为好，切勿使用未打孔的橡胶或软木瓶塞。

③ 平时注意保持压力灭菌锅的清洁和干燥，橡胶密封垫使用久会老化，应定期更换。

④ 定期检查安全阀的可靠性。要使用合格的安全阀，当工作压力超过 0.165MPa 时需要注意。

2. 激素和抗生素过滤灭菌

① 将培养基、细菌过滤漏斗、胶管，用铝箔包裹；细菌过滤器、注射器及承接过滤灭菌液的容器和瓶塞用耐压塑料袋包好后进行高压湿热灭菌。

② 分别配制一定浓度的激素、抗生素、维生素溶液，放于超净工作台上。

③ 双手消毒，然后在超净工作台上组装过滤灭菌装置。

④ 将待过滤液体加到细菌过滤漏斗或注射器内，驱动减压过滤灭菌装置或用力推动注射器，使液体流过滤膜（滤膜孔径 0.45μm）。

⑤ 将滤液按照配方要求加入的量，用移液枪（灭菌枪头）立即加入未凝固的固体培养液中，轻轻晃动几次，使各种成分充分混合均匀；若使用液体培养基，则可在培养基冷却时加入。

3. 环境消毒

（1）接种室消毒

① 药剂喷洒：用 75% 的乙醇或 0.1% 新洁尔灭喷洒接种室灭菌时，要求喷洒全面、均匀。

② 紫外线照射：接种前打开紫外灯（波长 260nm），照射 20 ～ 30min。

③ 培养架消毒：双手戴乳胶手套，用干净的棉布块蘸 75% 乙醇擦拭培养架。

（2）地面消毒 用消毒粉兑水拖地。一般每周拖地 1 次。

【结果与评价】

将结果与记录填入工作手册中，并完成任务评价。

结果与评价表单

项目二 培养基的配制

 知识目标

熟悉植物组织培养生产中培养基的成分和常用培养基的配方；会进行培养基母液及培养基的配制；能进行培养基的灭菌。

 项目导入

在植物组织培养过程中，决定组培成败的关键技术环节是什么？培养基在植物生长过程中的作用是什么？

必备知识

植物组织培养能否成功，主要取决于以下几个方面：一是培养基能否满足外植体诱导、分化、生长的需求；二是外植体的选取、消毒、接种、培养等各个环节的处理是否得当；三是试管苗能否适应自然栽培环境。植物组织培养所需要的营养成分主要从培养基中获得，大部分培养基的成分主要包括水、无机盐、有机物、植物生长调节物质、凝固剂及其他添加物质。培养基的种类和成分直接影响着培养物的生长与分化，是决定组织培养成功与否的关键因素之一。

一、培养基的成分

1. 水

水是植物原生质体的组成部分，是生命活动中不可缺少的物质。培养基中的成分绝大部分是水。在配制母液时，为保持母液中营养物质的准确性，防止母液在贮存过程中变质，一般使用蒸馏水或去离子水。因蒸馏水成本高，现配制培养基可用纯净水代替蒸馏水，以降低生产成本。

2. 无机盐

无机盐是植物在生长发育时所必需的一类营养物质。除碳（C）、氢（H）、氧（O）之外，还包括氮（N）、磷（P）、钾（K）、钙（Ca）、镁（Mg）、硫（S）6种大量元素和铁（Fe）、锰（Mn）、铜（Cu）、锌（Zn）、钴（Co）、硼（B）、钼（Mo）7种微量元素。将植物所需元素的浓度大于 0.5mmol/L 的称为大量元素，所需元素浓度小于 0.5mmol/L 的称为微量元素。微量元素是植物组织培养中不可缺少的元素，尽管用量极少，但是缺少这些物质会导致植物生长、发育异常。

（1）**氮**　参与了蛋白质、核酸、酶、叶绿素、维生素、磷脂、生物碱等物质的构成，是生命不可缺少的物质。缺氮时，老叶先发黄；氮过量，枝叶会过度茂盛。氮主要以硝态氮和铵态氮两种形式被使用，常使用的含氮物质有 KNO_3、NH_4NO_3、$(NH_4)_2SO_4$ 等，大多数培养基将硝态氮和铵态氮两者混合使用，以调节培养基的离子平衡。

（2）**磷**　磷脂的主要成分，而磷脂又是原生质、细胞核的重要组成部分。在植物组织培养过程中，向培养基内添加磷，不仅增加养分、提供能量，还能促进植物体对氮的吸收，促进蛋白质、糖类的合成，促进脂肪代谢，提高植株的抗逆性。常用的物质有 KH_2PO_4 或 NaH_2PO_4 等。缺磷或钾时细胞会过度生长，愈伤组织表现出极其疏松的状态。

（3）**钾**　与碳水化合物合成、转移以及氮素代谢等有密切关系。钾增加时，蛋白质合成增加，维管束、纤维组织发达，对胚的分化有促进作用。缺钾时叶尖、叶缘枯焦，叶片呈皱曲状，老叶发黄或呈火烧状。常用的含钾化合物有 KCl、KNO_3、KH_2PO_4 等。

（4）**镁**　叶绿素的组成成分，又是激酶的活化剂，缺镁时叶片边缘及中央部分失绿而变白。常用 $MgSO_4 \cdot 7H_2O$。

（5）**钙**　细胞壁的组成成分，能够增强植物的抗病能力，是植物体内酶的组成成分和活化剂。同时，钙对细胞分裂、保护质膜不受破坏均有显著作用，常用的物质有 $CaCl_2 \cdot 2H_2O$。缺钙时嫩叶失绿，叶缘向上卷曲，叶片出现白色条纹。

（6）**硫**　蛋白质、酶、硫胺素等的组成成分，缺硫时叶色变为淡绿，进而发白。常用的物质有 $MgSO_4 \cdot 7H_2O$、$(HN_4)_2SO_4$ 等。

（7）**铁**　一些氧化酶的组成成分，是叶绿素形成的必要条件。培养基中的铁对胚的形成、芽的分化和幼苗转绿均有促进作用。如缺铁，绿叶变黄，进而发白。

（8）**锰**　维持叶绿素结构的必需元素，参与植物的氧化还原反应，同时是三羧酸循环中多种酶的催化剂，并影响根系的生长。常用的物质为 $MnSO_4 \cdot 4H_2O$。植物缺锰，叶片上会出现缺绿斑点或条纹。

（9）**硼**　能够促进植物生殖器官的发育，并且与糖的运输、蛋白质的合成有关。如缺硼，叶片向上卷曲、失绿、细胞停止分裂。常用的物质为 H_3BO_3。

（10）**锌**　植物体内各种酶的组成成分，可促进植物体内生长素的合成。常用的物质为 $ZnSO_4 \cdot 7H_2O$。

（11）**铜**　参与蛋白质的合成和固氮作用，同时能促进离体根的生长。常用的物质为 $CuSO_4 \cdot 5H_2O$。

（12）**钼**　参与氮代谢和繁殖器官的形态建成，可促进光合作用。常用的物质为

$Na_2MoO_4 \cdot 2H_2O$。

（13）**钴** 维生素 B_{12} 的组成成分，在豆科植物固氮中起重要作用。常用的物质为 $CoCl_2 \cdot 6H_2O$。

3. 有机物质

（1）**糖类** 糖类又称碳水化合物，为培养物生长发育提供碳源，并维持培养基的渗透压。常用的糖有蔗糖、葡萄糖、果糖、麦芽糖、半乳糖、甘露糖和乳糖，其中最常用的是蔗糖。蔗糖使用浓度一般在 2% ~ 5%，常用 3%，即配制 1L 培养基需称取 30g 蔗糖。生根培养时可降低蔗糖浓度，有利于提高试管苗的自养能力。除此之外，糖类的添加还有调节培养基渗透压的作用。但需要注意的是，糖类使用量越大越容易滋生有害微生物，导致污染。

（2）**维生素** 维生素在植物细胞里主要是以各种辅酶的形式参与多种代谢活动，对生长、分化等有很好的促进作用。正常的植物能够自己产生维生素来维持生命活动，离体培养的外植体在培养过程中能合成所必需的维生素，但合成数量上还明显不足，因此必须人为添加才能维持正常生长。维生素 B_1（硫胺素）能够促进愈伤组织的产生，全面促进植物生长，是最重要的 B 族维生素。维生素 B_6 可促进根系生长。烟酸，曾称维生素 B_3，又称维生素 PP，与植物代谢和胚发育有一定的关系。维生素 C（抗坏血酸）具有抗氧化的作用，作为抗氧化剂，在组织培养中可有效防止褐变的发生。生物素（又称维生素 H）是植物体内许多酶的辅助因子，在碳水化合物、脂类、蛋白质和核酸的代谢过程中发挥重要作用。叶酸对蛋白质、核酸的合成及氨基酸代谢有重要作用。

（3）**肌醇** 肌醇又叫环己六醇，通常可由磷酸葡萄糖转化而成，还可进一步生成果胶物质，用于构建细胞壁。适当使用肌醇，能促进愈伤组织的生长和胚状体、芽的形成，对组织和细胞的繁殖、分化有促进作用，对细胞壁的形成也有作用，但肌醇用量过多易导致外植体褐变，一般使用浓度为 50 ~ 100mg/L。

（4）**氨基酸** 氨基酸在组织培养中是很好的有机氮源，可直接被细胞吸收利用，促进蛋白质的合成，对芽、根、胚状体的生长和分化均有良好的促进作用。组织培养中常用的氨基酸有甘氨酸（Gly）、精氨酸（Arg）、谷氨酸（Glu）、谷氨酰胺（Gln）、天冬氨酸（Asp）、天冬酰胺（Asn）、丙氨酸（Ala）、丝氨酸（Ser）、半胱氨酸（Cys）及氨基酸的混合物，如水解乳蛋白（LH）和水解酪蛋白（CH）等。其中，甘氨酸能促进离体根的生长，对植物组织的生长具有良好的促进作用；丝氨酸和谷氨酰胺有利于花药胚状体或不定芽的分化；半胱氨酸具有延缓酚类物质氧化和防褐变的作用；水解乳蛋白和水解酪蛋白对胚状体、不定芽的分化有良好的作用。

（5）**天然有机添加物** 天然有机物含有一定的植物激素和各种维生素等复杂的成分，能促进细胞和组织的增殖与分化，促进愈伤组织和器官的生长。组织培养中常加入的天然有机添加物有椰乳（CM）、酵母提取液（YE）、马铃薯、香蕉汁、苹果汁、番茄汁等。椰乳是使用最多、效果最明显的一种天然复合物，在愈伤组织和细胞培养中起明显的促进作用，一般使用浓度为 10% ~ 20%。酵母提取液一般使用浓度为 0.01% ~ 0.05%。天然有机添加物营养成分复杂，其作用效果比较难以掌控。

4.植物生长调节物质

植物生长调节物质是培养基中的关键性物质，用量虽然微小，但其作用很大，对植物组织培养起着决定性作用，不仅可以促进植物组织的脱分化和形成愈伤组织，还可以诱导不定芽、不定胚的形成。同一植物材料在各个生长阶段所需的生长调节剂种类及其浓度都有很大的差异，所以应该根据组织培养的目的、材料的种类、器官的不同和生长表现来确定植物生长调节剂的种类和浓度。植物生长调节剂包括生长素、细胞分裂素及赤霉素等几大类，在植物组织培养中具有不同的作用。

（1）生长素类 主要作用是诱导愈伤组织的产生，促进细胞脱分化，促进胚状体的产生以及试管苗生根。生长素与细胞分裂素配合使用，共同促进不定芽的分化，侧芽的萌发与生长。常用的生长素有萘乙酸（NAA）、吲哚乙酸（IAA）、吲哚丁酸（IBA）、吲哚丙酸（IPA）、二氯苯氧乙酸（2,4-D）、萘氧乙酸（NOA）和ABT生根粉等。IAA见光易分解，故应置于棕色瓶中，在4～5℃下保存。在高温灭菌时会受到破坏，最好采用过滤除菌的方法。一般生长素使用浓度为0.05～5.0mg/L。在植物组织培养中，2,4-D往往会抑制芽的形成，适宜的用量范围较窄，过量又有毒害，一般用于细胞启动脱分化阶段，而诱导分化和增殖阶段一般选用NAA、IBA等。

（2）细胞分裂素 细胞分裂素主要促进细胞分裂和扩大，诱导芽的分化，促进侧芽萌发，抑制衰老和根的发育。细胞分裂素常与生长素配合使用，通常情况下，当生长素与细胞分裂素的比值大时，可促进根的形成；当生长素与细胞分裂素的比值小时，可促进芽的形成。组织培养中常用的细胞分裂素类物质有6-苄基氨基嘌呤（6-BA）、激动素（KT）、玉米素（ZT）等。6-BA和KT均是人工合成的，6-BA的作用效果远远好于KT，是应用最广泛的细胞分裂素；ZT对芽的诱导效果很好，但性质不稳定，在高温下易分解。

（3）赤霉素及其他生长调节物质 赤霉素（GA）的主要作用是促进幼苗茎的伸长生长；常用于试管苗生根培养前的继代培养，可以使试管苗生长得更高大；脱落酸（ABA）对体细胞胚的发生发育具有促进作用，同时可使体细胞胚发育成熟而不萌发，对部分不定芽的分化具有促进作用；多效唑（PP333）具有控制矮化，促进分枝、生根、成花，延缓衰老，增强植物抗逆性的作用，在植物组织培养中主要用于试管苗的壮苗生根，提高抗逆性和移栽成活率。

5.凝固剂

在配制固体培养基时，需要使用凝固剂。最常用的凝固剂是琼脂，是一种海藻中提取的多糖。琼脂本身并不提供任何营养，是一种高分子的碳水化合物，在90℃以上热水中溶解成为溶胶，冷却至40℃可凝固为固体凝胶。生产上使用的琼脂有粉状和条状，用量一般为3～10g/L。如果浓度过高，会使培养基变得很硬，营养物质难以扩散，不利于植物体吸收营养；若浓度过低，凝固性差。同一厂家的产品粉状的往往比条状凝固的效果好，因此用量可少些。琼脂的凝固能力还与高压灭菌时的温度、时间、pH值等因素有关，长时间的高温会使凝固能力下降，过酸或过碱加之高温会使琼脂发生水解，而丧失凝固能力。存放时间过久，琼脂变褐，也会逐渐失去凝固能力。另一种凝固剂是卡拉胶，也是一种海藻提取物，生产上应用比较广泛。

6. 其他添加物质

（1）**活性炭** 活性炭为木炭粉碎经加工形成的粉末。在培养基中加入活性炭的目的是利用活性炭的吸附性减少一些有害物质的不利影响。添加活性炭有利于生根，对器官发育并无太大作用。同时，还可降低玻璃化苗的产生频率，对防止产生玻璃化苗有良好作用。但是活性炭的吸附作用没有选择性，既吸附有害物质，也吸附必需的营养物质。另外，培养基中加入活性炭后经过高压灭菌，培养基的 pH 会降低，使琼脂不易凝固，因此要多加一些琼脂。

（2）**抗氧化物质** 在植物组织培养过程中，植物组织会分泌一些酚类物质，接触空气中的氧气后自动氧化或由酶类催化氧化为相应的醌类，这些物质渗出细胞外就造成自身中毒，使培养的材料生长停止，失去分化能力，最终褐变死亡。在木本植物，尤其是热带木本植物及少数草本植物中较为严重。针对容易发生褐变的培养物，在培养过程中添加抗酚类氧化物质可以减轻褐变，常用的药剂有半胱氨酸、抗坏血酸、聚乙烯吡咯烷酮（PVP）、二硫苏糖醇、谷胱甘肽及二乙基二硫氨基甲酸酯等，一般用量为 $5 \sim 20mg/L$。具体使用方法：可以用抗氧化物质的溶液洗涤刚切割的外植体伤口表面，或过滤灭菌后将其加入固体培养基的表层。

（3）**抗生素** 培养基中添加抗生素可防止菌类污染，解决培养过程中植物材料内生菌的问题。常用的抗生素有青霉素、链霉素、庆大霉素、四环素、氯霉素、卡那霉素等，用量一般为 $5 \sim 20mg/L$。大部分抗生素需要过滤除菌才能使用。

7. 培养基的 pH

培养基的 pH 是指培养基溶液的酸碱度，它的高低会直接影响溶液中某些离子的溶解度，进而影响植物细胞对这些离子的吸收。因培养材料的不同而异，大多数植物要求 pH 为 $5.6 \sim 6.0$ 之间。培养基经高温高压灭菌后 pH 会下降，因蔗糖的分解会使培养基变酸，一般可降低 0.2 左右。同时 pH 会影响琼脂的凝固能力，一般 pH > 6.0 时培养基会变硬，pH < 5.0 时琼脂不能很好凝固。培养基酸碱性的调节常用 0.1mol/L 的 HCl 和 0.1mol/L 的 NaOH，调节过程中要逐步添加，避免一次大量加入。

二、常用培养基的种类及其特点

应用于植物组织培养的培养基种类繁多，自 1937 年 White 发明第 1 个培养基以来，许多研究者设计出了种类繁多的培养基，到 20 世纪 60 ~ 70 年代，则大多采用 Murashige 和 Skoog（1962）培养基（MS）等高浓度无机盐培养基，可以保证培养材料对营养的需要，促进生长分化，且由于浓度高，在配制消毒过程中某些成分有些出入也不至于影响培养基的离子平衡。

培养基的名称，根据一直沿用的习惯，多数以发明人的名字来命名，再加上年代，如 White（1943）培养基；Murashige 和 Skoog（1962）培养基简称 MS 培养基。MS 培养基是为培养烟草细胞设计的，它的无机盐（如钾盐、铵盐及硝酸盐）含量均较高，微量元素的种类齐全，浓度也较高，是目前植物组织培养应用最为广泛的一种培养基。

1. 根据培养基的含盐量划分

可以分为以下四大类型：含盐量高的培养基、硝酸盐含量高的培养基、无机盐中等含量的培养基和低盐含量培养基，常用培养基的特点及适用范围见表 2-1。

表 2-1　常用培养基的特点及适用范围

培养基名称	设计者及设计时间	特点	适用范围
MS	1962 年由 Murashige 和 Skoog 为培养烟草细胞而设计	含盐量高的培养基：无机盐浓度高，硝酸盐、钾离子和铵离子含量丰富；微量元素及有机成分齐全且比例均衡；缓冲性能较好	适用于植物器官、组织、细胞及原生质体的培养，多用于植物脱毒与快繁培养
LS	1965 年由 Linsmaier 和 Skoog 设计		
BL	1968 年由 Brown 和 Lawrence 设计		
B_5	1968 年由 Garmborg 等为培养大豆根细胞而设计	硝酸盐含量高的培养基：硝酸钾含量高；对植物有抑制作用的高浓度铵态氮含量低；盐酸硫胺素含量高。其中 SH 培养基中的铵与磷酸由磷酸二氢铵提供	B_5 适合南洋杉、葡萄、豆科及十字花科植物的培养；N_6 适用于小麦、水稻等单子叶植物和柑橘类植物的花药培养，也多用于楸树、针叶树等植物的培养；SH 适合某些单子叶植物与双子叶植物的培养
N_6	1974 年朱至清等为水稻等禾谷类作物花药培养而设计		
SH	1972 年由 SchenkHid 和 Hidebrandt 设计		
BH	1967 由 Bourgin 和 Nitsch 设计	无机盐中等含量培养基：大量元素含量低，约为 MS 培养基的 1/2；微量元素种类少但含量高；维生素种类较 MS 培养基多；有机物质含量减少	适合植物花药的培养
Nitsch	1969 年由 Nitsch 设计		
Miller	1963 年由 Miller 设计		
White	1943 年 White 为培养番茄根尖而设计，1963 年进行了改良	低盐含量培养基：无机盐含量低，约为 MS 培养基的 1/4；有机物质含量较低。White 改良培养基在提高了硫酸镁含量的同时增加了硼元素	适合植物诱导生根培养
WS	1966 年由 Wolter 和 Skoog 设计		
HB	1963 年由 Heller 和 Baker 设计		

（1）**MS 培养基**　目前应用最广泛的一种培养基。其特点是无机盐浓度高，具有高含量的氮、钾，尤其是铵盐和硝酸盐的含量很高，能够满足快速增长的组织对营养元素的需求，有加速愈伤组织和培养物生长的作用，当培养物久不转移时仍可维持其生存。但不适合生长缓慢、对无机盐浓度要求比较低的植物，尤其不适合铵盐过高易发生毒害的植物。

与 MS 培养基基本成分较为接近的还有 LS 培养基、RM 培养基，LS 培养基去掉了甘氨酸、盐酸吡哆醇和烟酸；RM 培养基把硝酸铵的含量提高到 4950mg/L，磷酸二氢钾提高到 510mg/L。

（2）**B_5 培养基**　主要特点是含有较低的铵盐，较高的硝酸盐和盐酸硫胺素。铵盐可能对不少培养物的生长有抑制作用，但它适合于某些双子叶植物，特别是木本植物的生长。

（3）**N_6 培养基**　其特点是 KNO_3 和（NH_4）$_2SO_4$ 含量高，不含钼。目前在国内已广泛应用于小麦、水稻及其他植物的花粉和花药的培养。

（4）SH 培养基　主要特点与 B_5 培养基相似，不用（NH_4）$_2SO_4$，而改用 $NH_4H_2PO_4$，是无机盐浓度较高的培养基。在不少单子叶和双子叶植物上使用，效果很好。

（5）Miller 培养基　与 MS 培养基比较，Miller 培养基无机元素用量减少 1/3 ～ 1/2，微量元素种类减少，属于无肌醇的培养基。

（6）White 培养基　低盐浓度培养基，使用也很广泛，无论是生根培养还是胚胎培养或一般组织培养都有很好的效果。

（7）VW 培养基　1949 年由 Vacin 和 Went 设计，适合气生兰的培养。总的离子强度稍低，磷以磷酸钙形式供给，要先用 1mol/L HCl 溶解后再加入混合溶液中。

2. 按培养基性质及培养过程划分

（1）**根据营养水平不同**　分为基本培养基和完全培养基。基本培养基是指只含无机盐、有机物、维生素、肌醇、氨基酸等营养成分的培养基，就是通常所说的 MS、White、B_5、N_6 等培养基。完全培养基是由基本培养基中添加适宜的植物生长调节物质、有机附加物、凝固剂等组成的可直接用于组织培养的培养基。

（2）**根据培养基的物理状态**　分为固体培养基和液体培养基。固体培养基是指添加了琼脂或卡拉胶的固体型培养基。液体培养基则是指未添加凝固剂的液态型培养基。

（3）**根据培养阶段**　分为诱导培养基、增殖培养基、壮苗培养基和生根培养基。诱导培养基是指用于诱导愈伤组织和芽产生的培养基。增殖培养基是指用于愈伤组织或芽增殖的培养基。壮苗培养基是指用于壮苗培养的培养基，作用是使在继代培养过程中增殖得较为细弱的芽变壮。生根培养基是指用于诱导外植体生根的培养基，通常不加激素或加少量的生长素。

三、培养基母液的配制

在植物组织培养工作中，配制培养基是日常必备的工作。为减少工作量和避免称取微量试剂时产生较大的误差，将经常使用的培养基各种药品配成浓缩一定倍数的母液，放入冰箱内保存，用时再按比例稀释，这样比较方便，且精确度高。母液要根据药剂的化学性质分别配制，一般配成大量元素、微量元素、铁盐、有机物质等母液，浓度一般是培养基配方所需浓度的 10 倍或 100 倍甚至 1000 倍。母液要用蒸馏水配制，药品应选用纯度较高的化学纯 CP（三级）或分析纯 AR（二级），以免杂质对培养物造成不利影响。MS 培养基母液的类型、成分及配制方法见表 2-2。

表 2-2　MS 培养基母液的类型、成分及配制浓度

母液种类	成分	规定量/（mg/L）	扩大倍数	称取量/mg	母液体积/mL	配 1L 培养基吸取量 /mL
大量元素	KNO_3	1900	10	19000	1000	100
	NH_4NO_3	1650		16500		
	$MgSO_4 \cdot 7H_2O$	370		3700		
	KH_2PO_4	170		1700		
	$CaCl_2 \cdot 2H_2O$	440		4400		

续表

母液种类	成分	规定量 /（mg/L）	扩大倍数	称取量 /mg	母液体积 /mL	配 1L 培养基 吸取量 /mL
微量元素	$MnSO_4 \cdot 4H_2O$	22.3	100	2230	1000	10
	$ZnSO_4 \cdot 7H_2O$	8.6		860		
	H_3BO_3	6.2		620		
	KI	0.83		83		
	$Na_2MoO_4 \cdot 2H_2O$	0.25		25		
	$CuSO_4 \cdot 5H_2O$	0.025		2.5		
	$CoCl_2 \cdot 6H_2O$	0.025		2.5		
铁盐	EDTA -2Na	37.3	100	3730	1000	10
	$FeSO_4 \cdot 7H_2O$	27.8		2780		
有机物质	肌醇	100	1000	100000	1000	1
	甘氨酸	2.0		2000		
	盐酸硫胺素	0.1		100		
	盐酸吡哆醇	0.5		500		
	烟酸	0.5		500		

1. 大量元素母液

大量元素母液是指含有氮（N）、磷（P）、钾（K）、钙（Ca）、镁（Mg）、硫（S）等元素的无机盐混合物，其成分浓度常配成所需浓度的 10 倍或 20 倍。在配制大量元素无机盐母液时，要防止在混合各种盐类时产生沉淀，为此各种药品必须充分溶解后才能混合。在混合时要注意加入的先后次序，避免 $MgSO_4$ 与 $CaCl_2$ 发生化学反应结合生成 $CaSO_4$ 沉淀。另外在混合各种无机盐时，其稀释度要大，慢慢地混合，同时边混合边搅拌。

2. 微量元素母液

微量元素母液是指含有铁（Fe）、锰（Mn）、铜（Cu）、锌（Zn）、氯（Cl）、硼（B）、钼（Mo）等元素的无机盐混合物，因在培养基中用量极少，通常将其浓度配成培养基所需浓度的 100 倍或 1000 倍。在配制微量元素母液时也要注意药品的添加顺序，以免产生沉淀。

3. 铁盐母液

铁盐母液是指含有铁离子的无机盐溶液，由于铁离子容易与培养基其他成分发生沉淀，需要单独配制。一般用 $FeSO_4 \cdot 7H_2O$ 和 EDTA-2Na 配成铁盐螯合剂比较稳定，不易沉淀，铁盐母液放在棕色瓶中保存比较稳定。

4. 有机物质母液

有机物质母液是指含有维生素、甘氨酸、肌醇等有机成分的溶液，其成分浓度一般为培养基所需浓度的 100 倍或 1000 倍。

5. 植物生长调节剂母液

植物生长调节剂母液是指含有植物生长调节剂的单一试剂溶液，植物生长调节剂因用量较少，一次可配成 50mL 或 100mL。为方便培养基的配制，母液一般配制成 0.1 ~ 1.0mg/L。多数植物生长调节剂不溶于或难溶于水，IAA、NAA、IBA、2,4-D 等生长素类和 GA_3，可先用少量 1mol NaOH 或 95% 乙醇溶解，然后再用蒸馏水定容到所需要的体积。KT、BA 等细胞分裂素类则可用少量 1mol/L HCl 加热溶解，然后加水定容。植物生长调节剂母液可以在 2 ~ 4℃冰箱中保存。配制好的植物生长调节剂母液，也应在瓶上贴上标签，注明名称、浓度、配制日期，以便配制培养基时准确量取。母液贮存期限一般为 30d，即配制好的培养基母液最好在一个月内用完。

药品的称量及定容都要准确，在称量时不同的化学药品需使用不同的药匙，避免药品的交叉污染和混杂，每称好一种药剂应立即作记号，以免重复或遗漏。各种药品先以少量水让其充分溶解，然后依次混合。配制好的母液应分别贴上标签，注明母液种类、倍数、配制日期，并在记录本上详细记录配制及称取量，以便工作的准确及日后检查。母液最好在 2 ~ 4℃的冰箱中贮存，特别是有机物质要求较严，贮存时间不宜过长，如发现母液有霉菌污染或沉淀变质时，应该重新配制。

四、培养基的配制与灭菌

1. 培养基配制及分装

将配制好的各种母液按顺序排列，并逐一检查是否有沉淀或变色，避免使用已失效的母液。先取适量的蒸馏水放入容器内，然后依次用移液管按培养基配方要求量取各种母液及生长调节剂原液等，混合在一起。再将琼脂和蔗糖加入其中，溶解混匀后加蒸馏水定容至所需体积，加热至琼脂完全溶解。用 0.1mol/L NaOH 或 HCl 将培养基的 pH 调至所需的数值，然后用分装器迅速分装到培养容器中。需要注意的是，培养基经高温高压灭菌后，培养基的 pH 会下降 0.2 个单位左右，故灭菌前的 pH 要高于目标 pH0.2 个单位左右。

琼脂的凝固温度约为 40℃，培养基分装应在其凝固之前完成。分装培养基时，切勿将培养基粘洒在培养瓶瓶口或瓶壁上，以免造成污染。培养基分装高度一般为容器的 1/4 ~ 1/5，过多不仅浪费培养基，还会缩小培养物的生长空间；过少不仅难以支撑培养材料，易倒伏，而且营养不够会影响植物生长。分装完毕后盖上瓶盖，对不同配方的培养基要做好标记，以免混淆。

2. 培养基的灭菌

培养基中含有大量的有机物，特别是含糖量较高的培养基，是各种微生物滋生、繁殖的理想场所。培养基分装完毕后必须在 24h 内完成消毒灭菌工作，否则会很快滋生杂菌，影响培养效果。培养基灭菌采用高压蒸汽灭菌。灭菌后的培养基自然降温凝固后，可置于培养室内预培养 2d 左右，经检查确定无杂菌滋生后方可接种使用。一般情况下，灭菌后的培养基应在两周内用完，以免干燥变质。

某些植物生长调节剂如 IAA 等热稳定性较差的物质，不能进行高温高压灭菌，须采用过滤灭菌的方法进行灭菌处理，然后按照培养基配方的需要量，在无菌条件下把过滤灭菌药液添加到经过高压灭菌尚未发生凝固的（40 ~ 50℃）培养基中，摇匀，冷却凝固

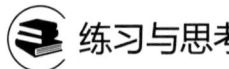

后使用。

 练习与思考

1. 如何配制铁盐母液？需要注意什么问题？
2. 植物激素的母液如何配制？
3. 植物生长调节剂主要分为哪几类，它们的主要功能是什么？举例说明。
4. 培养基配制好后为什么要进行 pH 调节？

微课：培养基的配制

任务三　MS 培养基母液的配制

【任务目的】
学会培养基母液的配制及母液的保存方法。

【任务准备】
天平、磁力搅拌器、冰箱、量筒、棕色试剂瓶、烧杯、容量瓶、移液管、玻璃棒、标签纸、签字笔、配制 MS 培养基所需的各类试剂、95% 乙醇、蒸馏水、1mol/L NaOH、1mol/L HCl。

【任务实施】

1. 配制 1000mL 大量元素母液（20×）

（1）**计算**　根据表 2-2，计算配制浓缩 20 倍的大量元素母液 1000mL 所需要的各类大量元素的量，见表 2-3。

表 2-3　MS 大量元素母液（20×）配制表

所需试剂（化学式）	浓度 /（mg/L）	扩大倍数	称取的质量 /g
KNO_3	1900	20	38
NH_4NO_3	1650	20	33
$MgSO_4 \cdot 7H_2O$	370	20	7.4
KH_2PO_3	170	20	3.4
$CaCl_2 \cdot 2H_2O$	440	20	8.8

（2）**配制** 按照表2-3中的数据，依次精确称取硝酸钾、硝酸铵、七水合硫酸镁、磷酸二氢钾和二水合氯化钙，分别用适量的蒸馏水溶解，依次加入1000mL容量瓶，再用蒸馏水定容至1000mL。

（3）**观察** 静置5min后，若溶液出现乳白色沉淀，则配制失败；若溶液透明澄清，则配制成功，即可装入棕色试剂瓶中，贴上标签，置于4℃冰箱冷藏备用。配制1L MS培养基时，取50mL该母液即可。

2. 配制1000mL微量元素母液（1000×）

（1）**计算** 根据表2-2中的微量元素的用量，计算配制1000mL扩大1000倍的微量元素母液需要称取的各种微量元素的质量。

（2）**配制** 用电子分析天平（感量为0.0001g）依次称取计算好的四水合硫酸锰、七水合硫酸锌、硼酸和碘化钾等，逐个用少量蒸馏水充分溶解，所有微量元素溶解后，加入蒸馏水，定容至1000mL，即为1000×的微量元素母液，静置观察无沉淀后即可保存至棕色试剂瓶中，贴好标签，置于4℃冰箱冷藏备用。配制1L MS培养基时，取1mL该母液即可。

3. 配制500mL铁盐母液（100×）

（1）**计算** 根据表2-2中的七水合硫酸亚铁和乙二胺四乙酸二钠用量，计算配制500mL扩大100倍的铁盐母液所要称取的量。

（2）**配制** 根据计算结果分别称取硫酸亚铁和乙二胺四乙酸二钠，分别用100mL蒸馏水进行加热溶解，边搅拌边加热使其充分溶解，再将两种溶液混合，冷却后加入蒸馏水定容至500mL。观察无沉淀后即可装入棕色试剂瓶中，贴上标签，置于4℃冰箱保存备用。配制1L MS培养基时，取10mL该母液即可。

4. 激素母液的配制

例如培养基配方中需要6-BA浓度为3mg/L，若配制的6-BA母液浓度为1.0mg/mL，则配制1L该培养基移取3mL的6-BA母液即可。

（1）**NAA母液的配制**

配制1mg/mL的NAA母液50mL：用电子分析天平称取50mg NAA置于100mL烧杯中，先用少量的1mol/L的NaOH溶解（也可用95%乙醇溶解），用玻璃棒搅拌使其溶解，若还不能彻底溶解可以加热溶解，溶解后倒入50mL的容量瓶中，加入蒸馏水定容至50mL，摇匀即可，将配制好的母液转移到细口瓶中，并贴上标签，放置4℃冰箱保存备用。

（2）**6-BA母液的配制**

配制方法和生长素母液类似，但不同的是细胞分裂素用1mol/L的HCl溶解（或95%乙醇溶解）。

5. 注意事项

① 配制母液所需药品应采用分析纯或化学纯试剂。

② 配制母液用水为蒸馏水或去离子水，试剂可以通过加热或用磁力搅拌器搅拌溶解。

③ 母液保存时间不要太长，大量元素母液最好1个月内用完。如果发现母液有浑浊则

弃之勿用，防止母液发生沉淀。

【结果与评价】

将结果与记录填入工作手册中，并完成任务评价。

结果与评价表单

任务四　广藿香叶片诱导培养基的配制与灭菌

【任务目的】

1. 掌握以广藿香叶片诱导培养基为例配制的基本技能；

2. 学会以广藿香叶片诱导培养基为例的灭菌常规方法及步骤。

【任务准备】

电磁炉、高压灭菌锅、电子天平（感量 0.01g）、精密 pH 试纸、药勺、洁净的玻璃瓶及瓶盖、玻璃棒、量筒、培养瓶、烧杯、容量瓶、标签纸、签字笔、移液管、微量移液器。

配制 MS 培养基的各种母液、卡拉胶、蔗糖、蒸馏水、0.1 ～ 1mol/L NaOH、0.1 ～ 1mol/L HCl。

【任务实施】

配制 1L 固体培养基，配方为：MS+6-BA 0.5mg/L+ 蔗糖 30g/L+ 卡拉胶 7.5g/L，pH 值为 5.8。

① 称取卡拉胶和蔗糖：根据培养基配方，用电子天平分别称取 7.5g 琼脂和 30g 蔗糖。

② 计算母液移取量：根据培养基配制量、母液的浓缩倍数，计算各母液移取量。

培养基母液移取量（mL）＝配制培养基的体积（mL）/ 母液浓缩倍数

激素母液移取量（mL）＝配制培养基的体积（L）× 配方中的激素浓度 / 激素母液浓度。

③ 用移液管依次将大量元素母液（20×）50mL、铁盐母液（100×）10mL、微量元素母液（1000×）1mL、有机物母液（500×）2mL、6-BA（1mg/mL）0.5mL 移入培养基量杯内。

④ 定容：将琼脂均匀打散，加入沸水，定容至 1000mL，并搅拌均匀至琼脂与蔗糖完全溶解。

⑤ pH 调整：用酸度计或精密 pH 试纸检测 pH，如果培养基 pH 不符合培养基配方规定值，可滴加 1mol/L NaOH 或 1mol/L HCl 溶液进行调整。灭菌前一般将培养基的 pH 调整到高出配方规定值 0.1 ～ 0.2 数量单位。

⑥ 分装培养基：趁热分装。分装高度为培养瓶的 1/5 ～ 1/4，分装时要注意培养基不能沾到容器瓶口，每瓶培养基分装高度均匀，盖紧容器瓶盖子。

⑦ 标示与记录：在培养瓶上贴上标签或用记号笔在瓶盖上注明培养基的名称或代号、配制时间等，然后用周转筐运至灭菌室进行灭菌，做好记录。

⑧ 高压蒸汽灭菌：严格按照操作规程对以配制好的培养基进行灭菌。

【结果与考评】

将结果与记录填入工作手册中，完成。

结果与评价表单

项目三　外植体的选择及处理

 知识目标

1. 认识常用外植体消毒剂的种类，掌握外植体预处理和消毒方法；
2. 能根据外植体的情况制订消毒方案，学会外植体消毒技术。

 项目导入

外植体消毒是无菌培养的一道难关，如何处理消毒时间与外植体成活率、污染率之间的关系？不同表面的外植体，如表面有绒毛或光滑、材料幼嫩与非幼嫩、地上与地下部位等，在消毒时间上有什么区别？

 必备知识

一、外植体的选择与预处理

1. 外植体选择的部位

植物的任何部位如茎尖、茎段、花瓣、根、叶、子叶、鳞茎、胚珠和花药等都可以作为组织培养的材料。但是，不同种类的植物以及同种植物不同的器官对诱导条件的反应是不一致的。有的部位诱导分化率高，有的部位很难脱分化，或者再分化频率很低。如广藿香的叶片就比红掌的叶片更容易诱导出愈伤组织或不定芽，百合科植物风信子、虎眼万年青等比较容易形成再生小植株，而郁金香就比较困难。百合鳞茎的鳞片外层比内层的再生能力强，下段比中、上段再生能力强。选取材料时要对所培养植物各部位的诱导及分化能力进行比较，从中筛选出合适的、最易表达全能性的部位作为外植体。

（1）**茎尖**　茎尖不仅生长速度快，繁殖率高，而且不容易发生变异。茎尖培养是获得脱毒苗木的有效途径。因此茎尖是植物组织培养中最常用的外植体。

（2）**茎段** 大部分果树和花卉等植物，新梢的节间部是组织培养的较好材料。新梢节间部位不仅消毒容易，而且脱分化和再分化能力较强，因此是常用的组织培养材料。

（3）**叶片** 叶片取材容易，新出的叶片杂菌较少，实验操作方便，是植物组织培养中常用的材料。尤其是近年在植物的遗传转化中，以叶片为试材的报道很多。

（4）**鳞片** 水仙、百合、葱、蒜、风信子等鳞茎类植物常以鳞片为材料。

（5）**其他** 种子、花蕾、花梗、根、块茎、块根、花粉等也可以作为植物组织培养的材料。

2. 外植体的选择原则

（1）**选择遗传稳定性好、性状优良的品种** 无论是进行种苗快速繁殖，还是进行遗传转化研究，选取遗传稳定性好、性状优良的种质是植物组织培养的基本要求。遗传基因优良的材料才能繁殖出性状优良的种苗，因此，对材料的选择要有明确的目的、具有一定的代表性，以提高成功的概率，增加其实用价值。

（2）**选择生长健壮、无病虫害的植株** 组织培养用的材料，最好从生长健壮的无病虫的植株上，选取发育正常的器官或组织。因为这些器官或组织代谢旺盛，再生能力强，容易培养成功。

（3）**选择适当的时期** 对于大部分植物而言，外植体的取材应在其开始生长的季节进行，不在生长季节或在休眠期的外植体对诱导反应迟钝或者无反应。因此，在组织培养选择材料时，要注意植物的生长季节和植物的生长发育阶段。在植株生长的最适时期取材，成活率高生长速度快，增殖率高；花药培养应在花粉发育到单核期时取材，这时比较容易形成愈伤组织。

（4）**考虑器官的生理状态和发育年龄** 一般认为，生理年龄小的幼嫩组织较生理年龄大的成熟衰老组织具有较高的形态发生能力。随着组织年龄的增加，器官的再生能力逐渐减弱甚至完全失去再生能力。

（5）**选择适宜的大小** 建立无菌材料时，取材的大小根据不同植物材料而异。材料太大，容易污染，材料太小，多形成愈伤组织，甚至难于成活。一般选取培养材料的大小为 $0.5 \sim 1.0 cm$。如果是胚胎培养或脱毒材料的培养，则应更小。

（6）**选择来源丰富的外植体** 为了建立一个高效而稳定的植物组织离体培养体系，往往需要反复实验，并要求实验结果具有可重复性。因此，就需要外植体材料丰富并容易获得。

（7）**选择易于消毒的外植体** 在选择外植体时，应尽量选择带杂菌少的器官或组织，降低初代培养时的污染率。一般地上组织比地下组织携带的微生物少，消毒容易；一年生组织比多年生组织消毒容易；幼嫩组织比老龄和受伤组织消毒容易。

3. 外植体的预处理

对外植体进行修整，去掉不要的部分，在流水下冲洗干净。接着用洗衣粉水浸泡外植体 5min 左右，再用自来水冲干净洗衣粉残留，这样能进一步降低污染。

二、外植体的消毒

外植体的消毒处理是否完善是组培成功与否的第一关键步骤，其原则是充分灭菌。来自田间或温室的植物材料常附着许多微生物，这些微生物一旦被携带进入培养容器内，就会迅速滋生繁殖，导致外植体培养失败。因此，消毒时间必须充分但不伤外植体；不同的外植体，灭菌的要求也不一样。

1. 常用的消毒剂

外植体消毒的原则是在不伤害或较少伤害植物材料的前提下，杀死其表面的全部微生物，因此在进行外植体消毒时，应根据不同的植物材料，对消毒剂的种类、使用浓度和处理时间进行适当筛选。外植体消毒剂的一般要求是灭菌效果好、无环境污染、低残留且易清除。目前，市场上用于灭菌的消毒剂种类繁多，但是适用于植物材料灭菌的消毒剂种类并不多，常用的外植体消毒剂见表 3-1。

表 3-1　外植体消毒常用消毒剂一览表

消毒剂	使用质量分数	去除难易	消毒时间 /min	效果	有否毒害植物
次氯酸钙	9% ～ 10%	易	5 ～ 30	很好	低毒
次氯酸钠	2%	易	5 ～ 30	很好	无
过氧化氢	10% ～ 12%	最易	5 ～ 15	好	无
硝酸银	1%	较难	5 ～ 30	好	低毒
氯化汞	0.1% ～ 1%	较难	2 ～ 10	最好	剧毒
乙醇	70% ～ 75%	易	0.2 ～ 2	好	有
抗生素	4% ～ 50%	中	30 ～ 60	较好	低毒

其中 70% ～ 75% 乙醇具有较强的杀菌力、穿透力和湿润作用，可排出材料上的空气，利于其他消毒剂的渗入，因此常与其他消毒剂配合使用。由于其穿透力强，应严格掌握好处理时间，时间太长会引起处理材料的损伤。

2. 常用外植体的消毒方法

（1）**茎尖、茎段及叶片的消毒**　茎尖、茎段及叶片因为暴露在空中，且表面长有毛或刺等附属物，所以灭菌前洗涤至关重要，尤其是多年生木本材料，要用洗衣粉、肥皂水等进行洗涤，然后用自来水长时间流水冲洗，或加用软毛刷进行刷洗，之后用吸水纸将水吸干，再用 75% 的乙醇浸泡 10 ～ 30s，无菌水冲洗 1 ～ 2 次后，然后根据材料的老、嫩和枝条的坚硬程度，用 2% 的次氯酸钠溶液浸泡 6 ～ 20min，或用 0.1% 的氯化汞消毒 5 ～ 15min，用无菌水冲洗 3 ～ 5 次，用无菌纸吸干后进行接种。

（2）**花药的消毒**　用于组织培养的花药，按小孢子发育时期要求，实际上大多没有成熟，花药外面有萼片、花瓣或颖片、稃片包裹着，通常处于无菌状态。所以一般用 75% 的乙醇对整个花蕾或幼穗浸泡数秒，用无菌水清洗 1 ～ 2 次，然后将整个花蕾浸泡在饱和漂白粉清液中 10min，或用 2% 的次氯酸钠消毒 10min，或用 0.1% 的氯化汞处理 5 ～ 10min，处理后用无菌水清洗 3 ～ 5 次，然后剥取组织接种。

（3）**果实及种子**　果实及种子的消毒根据果皮或种皮的软硬结实程度及干净程度而异。对于果实，一般用 2% 的次氯酸钠溶液浸泡 10min，用无菌水冲洗 2 ～ 3 次，然后解剖内部的种子或组织接种；种皮较厚且坚硬的种子，通常用 10% 的次氯酸钙浸泡 20 ～ 30min 或数小时，或者常规消毒后无菌水浸泡 30min 至数小时。另外也可以用砂布打磨、温水或开水浸煮 5min 左右以软化种皮；进行胚或胚乳培养时，可去掉坚硬的种皮后进行常规消毒。

（4）**根和贮藏器官的消毒**　这类材料大多埋于土中，材料上常有损伤及带有泥土，消毒比较困难。消毒前，要用自来水冲洗，并用毛刷或毛笔将表面凹凸不平处及芽鳞或苞片处刷洗干净，再用刀切去损伤或难以清洗干净的部位，用吸水纸吸干后用 75% 的乙醇漂洗一下，再用 0.1% ～ 0.2%

微课：外植体消毒　的氯化汞浸泡 5 ～ 10min，或用 2% ～ 8% 的次氯酸钠溶液浸泡 5 ～ 15min，接着用无菌水清洗 3 ～ 5 次，用无菌滤纸吸干水分，进一步切削与消毒液直接接触的外部组织，然后接种。在消毒过程中，进行抽气减压，有助于消毒剂渗入，可使外植体彻底消毒。

✒ 练习与思考

1. 比较非洲紫罗兰叶片与红掌叶片消毒时间的长短，其判断依据是什么？
2. 选用白及地下块茎作为外植体进行消毒时，为什么污染率较其他部位的外植体高？

任务五　广藿香叶片消毒及接种

【任务目的】
掌握广藿香叶片消毒及接种技术。

【任务准备】
外植体材料（广藿香叶片）、洗衣粉、洗手液、软毛刷、接种工具、无菌杯、烧杯、培养基、脱脂棉、手推车、剪刀、镊子、毛笔、工作服、实验帽、口罩、拖鞋、记号笔、75% 的乙醇、2% 的次氯酸钠、无菌水、无菌碟。

【任务实施】
对广藿香叶片进行外植体消毒，并接种两瓶。

1. 外植体的采集
选择健壮、无病虫害症状的广藿香嫩叶。

2. 外植体的预处理
将培养材料用自来水冲洗表面的灰尘和污物，将整个叶片放入洁净培养瓶中待消毒。

3. 接种前的准备工作
① 打开接种室和超净工作台的紫外线灯，照射 20min 以上。
② 接种人员洗净双手，穿戴灭菌的专用工作服、帽子和鞋子进入接种室。
③ 关闭紫外线灯，打开超净工作台风机和照明灯，打开接种工具消毒器开关。

④ 用 75% 的乙醇擦拭双手和工作台。

⑤ 将预处理的材料、消毒剂、无菌水、培养基、废液杯、无菌纸等放到超净工作台内的两侧。

4. 外植体的消毒

将广藿香叶片加入 75% 的乙醇中浸泡约 10s，用无菌水冲洗 1 ～ 2 次，然后再加 2% 的次氯酸钠消毒 15 ～ 20min，消毒浸泡时需进行晃动，使植物材料与消毒剂有良好的接触，最后用无菌水冲洗 4 ～ 5 次。

5. 接种

将消毒好的广藿香叶片放置于无菌碟中，切割成边长 1 ～ 1.5cm 左右的方块，按照无菌接种规范要求进行操作，接种至培养基中。叶片背面贴培养基，每瓶接种 1 个外植体。

6. 关闭电源

接种完成后，整理和关闭超净工作台。

【结果与评价】

将结果与记录填入工作手册中，并完成任务评价。

结果与评价表单

项目四 植物组织培养过程

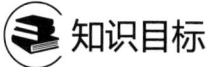 知识目标

1. 掌握初代、继代、生根培养的基础知识与操作技术。
2. 掌握无菌接种操作的基本要求。
3. 掌握不同培养阶段培养基的特点。

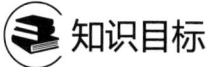 项目导入

外植体诱导形成一个完整的植株需要经历哪几个阶段？如何通过一瓶组培苗培育出成千上万株苗？

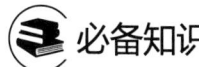 必备知识

一、初代培养

初代培养是指接种外植体后最初的几代培养，其目的是获得无菌材料和无性繁殖系。

将消毒好的外植体接种到适宜的培养基上，经过一段时间的培养，无论是脱分化形成愈伤组织，或者是分化出芽或根等器官，都是在无菌的条件下形成的，这个过程称为"无菌培养体系的建立"，也称为"初代培养"。初代培养建立的无性繁殖系包括茎梢、芽丛、胚状体和原球茎等。

初代培养成功的要求是：无菌的环境条件、适宜的培养基和外植体、操作者规范的无菌操作技术等。接种操作要求时间短、速度快，技术操作到位，防止环境菌污染。

1. 培养基的选择

初代培养时常用诱导或分化培养基，培养基中的生长素和细胞分裂素的配比和浓度最为重要，如刺激腋芽或顶芽生长时，细胞分裂素的适宜浓度是 $0.5 \sim 1.0mg/L$，生长素的浓度水平为 $0.01 \sim 0.1mg/L$；诱导不定芽时，需要较高的细胞分裂素；诱导愈伤组织形成，增加生长素的浓度并补充一定浓度的细胞分裂素是十分必要的。

2. 外植体的生长与分化

（1）顶芽和腋芽发育　以植物茎尖、顶芽、侧芽或带有芽的茎段作为外植体，在外源的细胞分裂素作用下，顶芽或休眠侧芽萌发生长，伸长形成多节茎段的茎梢，或形成一个微型多枝多芽的小灌木丛状结构。该发育方式具有萌发时间短，成苗快，不经过愈伤组织再生，能使无性系后代保持原品种特性等特点。

（2）不定芽发育　在初代培养中一些植物的叶片、不带腋芽茎段先脱分化形成愈伤组织，再从愈伤组织块上分化形成不定芽；而有些植物，如球根秋海棠、非洲紫罗兰、百合、贝母等，不定芽可直接从外植体表面受伤的或没有受伤的部位直接分化出来。植物的茎段、叶、叶柄、根、花茎、萼片、花瓣等器官都可以作为外植体诱导产生不定芽。但由不定芽产生的苗具有更大的性状变异概率，观赏植物中有不少遗传学嵌合体，如金边虎尾兰、花叶玉簪、金边巴西铁树等，这些镶嵌色彩的叶子和一些带金银边的植物，在通过不定芽途径时，再生植株便有可能失去这些富有观赏价值的特征。

（3）原球茎发育　在兰花和部分球根植物的种子萌发初期并不出现胚根，只是胚逐渐膨大，之后种皮的一端破裂，形成的小圆锥状胀大的胚称为原球茎。在植物组织培养中，从兰花的顶芽、侧芽组织中或从种子中萌发的植株器官，都能诱导这样的原球茎。往往在一个芽的周围能产生几个到几十个原球茎，培养一段时间后，原球茎可发育成完整的再生植物。

（4）胚状体发育　胚状体是由体细胞形成的、类似于生殖细胞形成的合子胚发育过程的胚胎。胚状体可以从愈伤组织表面产生，也可由外植体表面已分化的细胞或从悬浮培养的细胞中产生。

胚状体发育出的再生小植株与腋芽苗或不定芽苗有显著差异：一是胚状体在形成的最初阶段，多来自单个细胞或多个细胞团，很早就具有明显的根端与苗端的两极分化，极幼小时就是一个根芽齐全的微型结构，通常不需要诱导生根阶段；二是由胚状体发育成的植株与周围的愈伤组织或母体组织块之间，几乎没有什么结构性的联系，小植株是独立形成的，易于与其他部分分离，胚状体小植株通过振摇或镊子、解剖针等轻拨就可彼此分开。而由腋芽或不定芽发育来的小植株，它们最初由分生细胞团形成单极性的生长点发育而来，随后再转移到生根培养基上形成根，才能形成完整的小植株。通常它们与母体组织块或愈伤组织之间有着较紧密的连接，包括一些维管束组织、皮层和表皮组织等，因而不易分离，在转移时往往用刀切才能分开。

二、继代培养

将诱导产生的芽、苗、愈伤组织、原球茎或胚状体等培养物重新分割，接种到新鲜培养基上进一步扩大培养的过程称为继代培养，也称为增殖培养。该过程是植物组织培养中决定繁殖速度快慢、繁殖系数高低的关键阶段。继代使用的培养基对于一种植物来说，每次几乎完全相同。由于培养物在适宜的环境条件、充足的营养供应和生长调节剂作用下，排除了其他生物的竞争，繁殖速度大大加快。

1.继代增殖方式

根据外植体分化和生长的方式不同，继代培养中培养物的增殖方式也各不相同。主要的增殖方式如下。

（1）**多节茎段增殖**　将顶芽或腋芽萌发伸长形成的多节茎段嫩枝，剪成带 $1 \sim 2$ 枚叶片的单芽或多芽茎段，接种到继代培养基进行培养的方法。该方法培养过程简单，适用范围广，移栽容易成活，遗传性状稳定，如马铃薯、葡萄、刺槐等即可采用此种方式增殖。

（2）**丛生芽增殖**　丛生芽增殖培养就是将初代培养的丛生芽在无菌条件下分割成小芽块，连续不断地转接于增殖培养基中，使每一个小芽块再次生长成大的丛生芽块，实现快速获得大量试管苗的过程。该方法繁殖系数高，是组培快繁育苗生产中常用的方法。

（3）**不定芽增殖**　将能再生不定芽的器官或愈伤组织块分割，接种到继代培养基进行培养的方法。不定芽形成的数量与腋芽无关，其增殖率高于丛生芽方式。但是通过这种方式再生的植株在遗传上的稳定性较差，而且随着继代次数的增加，愈伤组织再生植株的能力会下降，甚至完全消失。

（4）**原球茎增殖**　将原球茎切割成小块，也可以给予针刺等损伤，或在液体培养基中振荡培养，来加快其增殖进程。

（5）**胚状体增殖**　通过体细胞胚的发生来进行无性系的大量繁殖，具有极大的潜力，其特点是成苗数量多、速度快、结构完整，是增殖系数最大的一种方式。但胚状体发生和发育情况复杂，通过胚状体途径繁殖的植物种类远没有丛生芽和不定芽涉及得广泛。

一种植物的增殖方式不是固定不变的，有的植物可以通过多种方式进行无性扩繁。如葡萄可以通过多节茎段和丛生芽方式进行繁殖；蝴蝶兰可以通过原球茎和丛生芽方式进行繁殖。生产中，具体应用哪一种方式进行，主要看增殖系数、增殖周期、增殖后芽的稳定性以及适合的生产操作等因素而定。

2.影响继代增殖的因素

（1）**植物材料**　不同种类的植物，同种植物不同品种，同一植物不同器官和不同部位，继代繁殖能力也各不相同。一般是草本＞木本，被子植物＞裸子植物，年幼材料＞老年材料，刚分离组织>已继代的组织，胚>营养体组织，芽>胚状体>愈伤组织。在以腋芽或不定芽增殖继代的植物中，在培养许多代之后仍然保持着旺盛的增殖能力，一般较少出现再生能力丧失。

（2）**培养基** 在规模化生产中，培养的植物品种一般比较多，而且来源也比较复杂，品种间的差异表现非常明显，所以在培养基的配制和使用上，一定要多样化，否则会造成一些品种因为生长调节剂过高或过低而严重影响繁殖和生长。另外，在同一品种上，适当调整培养基中生长调节剂的浓度也是非常重要的，其目的主要是保证种苗的质量，同时又可以维持一定的繁殖基数。

一些长期继代培养的植物，在开始继代培养中加入生长调节剂，经过几次继代后，加入少量或不加生长调节剂也可以生长。如在胡萝卜薄壁组织初代培养中加入 10^{-6} mol/L IAA才能达到最大生长量，但在继代培养 10 代以后，不加 IAA 的培养基上也可达到同样生长量。在兰科植物原球茎继代培养中情况也相同。

（3）**培养条件** 培养温度应大致与该植物原产地生长所需的最适温度相似。喜欢冷凉的植物，以 20℃左右较好，热带作物需在 30℃左右的条件下才能获得较好的生长。如香石竹在 18～25℃随温度降低生长速度减慢，但苗的质量显著提高，玻璃化现象减少；高于25℃时，引起苗徒长细弱，玻璃化或半玻璃化苗明显增加。另在桉树继代培养中发现，如果总在 23～25℃条件下培养，芽就会逐渐死亡，但如果每次继代培养时，先在 15℃下培养 3d，再转至 25℃下培养，生长良好。

（4）**继代周期** 对一些生长速度快或者繁殖系数高的种类如满天星、非洲紫罗兰等，继代时间比较短，一般不能超过 15d。对生长速度比较慢的种类如非洲菊、红掌等，继代时间就要长一些，30～40d 继代 1 次。继代时间也不是一成不变的，要根据培养目的、环境条件及所使用的培养基配方进行考虑。在前期扩繁阶段，为了加快繁殖速度，当苗刚分化时就切割继代，而无需待苗长到很大时才进行继代。后期在保持一定繁殖基数的前提下，进行定量生产时，为了有更多的大苗可以用来生根，可以间隔较长的时间继代，达到既可以维持一定的繁殖量，又可以提高组培苗质量的目的。

（5）**继代次数** 继代次数对繁殖率的影响因培养材料而异。有些植物如葡萄、黑穗醋栗、月季和倒挂金钟等，长期继代可保持原来的再生能力和增殖率。有些植物则随继代次数而增加变异频率，如继代 5 次的香蕉不定芽变异频率为 2.14%，继代 10 次后为 4.2%，因此香蕉组培苗继代培养不能超过 1 年。还有一些植物长期继代培养，会逐渐衰退，丧失形态发生能力，具体表现为生长不良，再生能力和增殖率下降等。

三、壮苗与生根培养

在试管苗增殖到一定数量后，就要使部分苗分流进入壮苗与生根阶段。若不能将培养物大量转移到生根培养基上，就会使久不转移的苗发黄老化，或因过分拥挤而致使无效苗增多，最后被迫淘汰许多材料。

1.壮苗培养

在继代培养过程中，细胞分裂素浓度的增加有助于增殖系数的提高。但伴随着增殖系数的提高，增殖的芽往往出现生长势减弱，不定芽短小、细弱，无法进行生根培养的现象；即使能够生根，移栽成活率也不高，必须经过壮苗培养。壮苗培养时，可将生长较好的芽分成单株培养，而将一些尚未成型的芽分成几个芽丛培养。

通过选择适宜的细胞分裂素和生长素的种类及不同浓度配比，可以同时满足增殖和壮苗的不同要求。如在杜鹃快繁的研究中发现，ZT/IAA 或 ZT/IBA 的比值升高，芽的增殖系数也随之增加，但壮苗效果却降低。高浓度的生长素和低浓度的细胞分裂素的组合有利于形成壮苗。因此，在以丛生芽方式进行增殖时，适当降低培养基中 ZT、BA 等细胞分裂素的浓度，并增加 NAA 等生长素的浓度，就能达到壮苗培养的目的。在实际生产中，一般用较低浓度的细胞分裂素与生长素组成合理的比例，将有效增殖系数控制在 3.0 ～ 5.0，以实现增殖和壮苗的双重目的。

2. 生根培养

（1）试管内生根　试管内生根是将成丛的试管苗分离成单苗，转接到生根培养基上，在培养容器内诱导生根的方法。试管苗生根的优劣主要体现在根系质量（粗度、长度）和根系数量（条数）两个方面。不仅要求不定根比较粗壮，更重要的是要有较多的毛细根，以扩大根系的吸收面积，增强根系的吸收能力，提高移栽成活率。根系的长度不宜太长，以粗而短、数量多为好。

在生根阶段对培养基成分和培养条件可进行调整，减少试管苗对异养条件的依赖，逐步增强光合作用的能力。对于大多数物种来说，诱导生根需要有适当的生长素，其中最常用的是 NAA 和 IBA，浓度一般为 0.1 ～ 5mg/L。但唐菖蒲、水仙和草莓等组培苗很容易在无生长素的培养基上生根。

一般情况下矿质元素浓度较高时有利于茎、叶生长，较低时有利于生根。生根培养基中无机盐和蔗糖浓度减少一半，光照强度由原来的 1000 ～ 3000lx 提高到 3000 ～ 5000lx，能刺激小植株自身进行光合作用制造有机物，以便由异养型向自养型过渡。在这种条件下，植物能较好地生根，对水分胁迫和疾病的抗性也会有所增强，植株可能表现出生长迟缓和较轻微的失绿，但生产实践证明，这样的幼苗，要比在低光强条件下的较绿较高的幼苗移栽成活率高。

生根阶段采用自然光照比灯光照明所形成的试管苗更能适应外界环境条件。培养基中添加活性炭有利于提高生根苗质量。如在樱花生根培养基中加入 0.1% ～ 0.2% 活性炭后，试管苗不但生长健壮，无愈伤组织，而且根系较长、白色、有韧性，移栽后新根发生快，质量好，成活率高。

（2）试管外生根　有些植物种类在试管中难以生根，或有根但与茎的维管束不相通，或根与茎联系差，或有根而无根毛，或吸收功能极弱，移栽后不易成活等特点，这就需要采用试管外生根法。试管外生根是将已经完成壮苗培养的小苗，用一定浓度生长素或生根粉浸蘸处理，然后栽入疏松透气的基质中。大花蕙兰、非洲菊、苹果、猕猴桃、葡萄和毛白杨等均有试管外生根成功的报道。此方法将植物组培中茎芽的生根诱导同驯化培养结合在一起，直接将茎芽扦插到试管外的有菌环境中，边诱导生根边驯化培养，省去了用来提供营养物质并起支持作用的培养基，以及芽苗试管内生根的传统程序。该技术的应用不仅减少了一次无菌操作的步骤，提高了培养空间的利用率，同时又简化了组培程序，解决了组培工厂化育苗生根的难题，可降低生产成本。

实验中很多植物试管外生根的生根率比瓶内生根率略低。其主要原因为试管苗从无菌状态的恒温、高湿、弱光的环境过渡到变温、低湿、强光、有菌状态的自然条件，一些弱苗、小苗因不适应环境条件的变化而导致死亡。常见的情况主要有两种，一种为基部湿度过大，导致基部得病腐烂而死；另一种为植株缺水，叶片失水萎蔫而死。因此在进行试管外生根时要特别注意水分的控制和其他环境因素的调控。

练习与思考

1. 菊花和铁皮石斛继代增殖方式是怎样的？分别有什么特点？
2. 增殖培养和生根培养阶段，培养基的主要差异是什么？

微课：生根与增殖培养

任务六 广藿香试管苗的继代培养

【任务目的】

掌握广藿香试管苗继代转接扩繁的规范操作步骤。

【任务准备】

超净工作台、高温消毒灭菌器、接种工具、继代培养基、无菌纸（接种碟）、75% 酒精棉球、标签纸、签字笔等。

待接种继代瓶苗（广藿香）。

【任务实施】

① 接种前开启紫外灯灭菌，20min 后关闭紫外灯，开启排气扇，打开超净工作台风机。

② 换好工作服后进入接种室，按无菌操作要求对手部和超净工作台进行彻底消毒。

③ 在超净工作台内摆放好已灭菌的培养基 4～5 瓶、无菌接种碟和待接种的无菌试管苗。

④ 取出广藿香苗，将广藿香长茎段切成短茎段（约 1～1.5cm），或将广藿香大丛芽分成小丛进行转接，接种操作要求规范、快速。

⑤ 接种完毕，在培养瓶上写好标签，及时清理超净工作台面并用 75% 乙醇擦拭干净，将接种好的材料放置于培养室进行培养。要求在 23～27℃，光强 1000～3000lx，光照时间 10～12h/d，空气相对湿度 45%～50%，自然通风条件下培养。

⑥ 清洗使用过的培养瓶，打扫接种室等环境卫生。

⑦ 培养一周后观察并记录实验结果。

【结果与评价】

将结果与记录填入工作手册中，并完成任务评价。

结果与评价表单

任务七 广藿香试管苗的生根培养

【任务目的】

1. 掌握广藿香试管苗转接的正确方法及基本操作步骤。

2. 熟悉掌握广藿香试管苗生根培养操作技术。

【任务准备】

超净工作台、高温消毒灭菌器、接种工具、生根培养基、无菌纸、75% 酒精棉球、标签纸、签字笔等。

待接种瓶苗（广藿香）。

【任务实施】

① 提前配制好培养基，与接种无菌纸一起进行高压蒸汽灭菌。

② 开启接种室紫外灯灭菌，20min 后关闭紫外线灯，开启排气扇，打开超净工作台风机。在超净工作台内摆放好待用的生根培养基 4～5 瓶、无菌接种纸和待接种的无菌试管苗。

③ 按无菌操作要求对手部和超净工作台进行消毒。

④ 在超净工作台上按无菌接种的规范操作进行，切取广藿香单芽，接种到生根培养基，每瓶生根培养基接 7 个单芽，均匀分布，操作尽量快速。

⑤ 接种完毕，在培养瓶上写好标签，及时清理超净工作台面并用 75% 乙醇擦拭干净，将接种好的材料放置于培养室相进行培养，要求在 23～27℃，光强 1000～3000lx，光照时间 10～12h/d，空气相对湿度 45%～50%，自然通风条件下培养。

⑥ 清洗使用过的培养瓶，打扫接种室等环境卫生。

⑦ 培养一周后观察并记录实验结果。

【结果与评价】

将结果与记录填入工作手册中，并完成任务评价。

结果与评价表单

项目五 植物组织培养过程管理

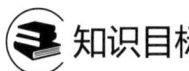 **知识目标**

1. 知道植物组织培养过程中产生问题的原因及措施。
2. 学会处理培养过程中出现的污染、褐变、玻璃化等问题。

项目导入

自然条件下栽培植物除了"看天吃饭"，也离不开人们的精心呵护。植物组织培养虽然是在实验室无菌条件下进行，但也需要精心管理。组培的过程中虽然不用像自然栽培那样需要浇水、施肥、除草等工作，但在培养过程中会出现哪些状况呢？又该如何解决呢？

 **必备知识**

一、试管苗培养过程的调控

在植物组织培养中，培养条件对愈伤组织的形成、器官的发生有较大的影响，主要有温度、光照、湿度、气体等各种环境条件，做好这些条件的调控是至关重要的。

1. 试管苗温度的调控

温度是组织培养过程中的重要因素，温度不仅影响外植体的分化增殖以及器官的形态建成，还影响组培苗的生长和发育进程，外植体在最适宜温度下生长分化良好。大多数组织培养的温度通常调控在 24～28℃，在此条件下一般都能形成芽和根。低于 12℃时，不利于培养组织的生长分化；高于 35℃时，对试管苗生长不利。很多生产企业采用了（25±2）℃的恒温条件。但是，不同植物或不同培养阶段的适宜温度不同，例如，百合的适宜温度是 20℃，月季是 25～27℃，番茄是 28℃；烟草芽的形成以 28℃为最好；菊芋在白天 28℃、夜间 15℃的变温条件下，对根的形成最好；百合鳞片在 30℃下再生的小鳞茎发叶的速度和百分率都比在 25℃条件下高。

2. 试管苗光照的调控

光照也是组织培养中的重要条件之一，主要通过光强、光质和光照时间调节外植体的生长和分化。不同种类的植物进行组织培养，其器官发生对光照的要求也不尽相同，如烟草、荷兰芹的器官发生不需要光照，玉簪花芽在光培养时愈伤组织诱导率比暗培养高，而红掌叶片却需要在暗环境下才容易诱导出愈伤组织，有些植物在光培养条件下较难生根，光照强度对培养细胞的增殖和器官的分化也有重要影响。

（1）**光照强度** 对多数植物来说，1000～4000lx 的光强即能满足其生长的需要。器官的分化需要光照，随着试管苗的生长，光照强度需要不断地加强，才能使小苗生长健壮，并促进它从"异养"向"自养"转化，以提高移植后的成活率。通常在初代培养和继代培养阶段，1500～2500lx 即可满足要求。而对于生根壮苗阶段，需提高到 3000～5000lx 左右。光照强度强，幼苗生长得粗壮，而光照强度弱，幼苗容易徒长。对愈伤组织的诱导来说，暗培养较光培养更合适，可用铝箔或者适合的黑色材料包裹在容器的周围，或置于暗室中培养。另外，在有些植物组织培养中，光的存在有时会抑制根的形成，这时可以在培养基中加入活性炭，可以提高根的形成率。

（2）**光照时间**　光照时间也是影响外植体分化的重要条件之一，普通培养室要求每日光照 12 ~ 16h。生产中，在不影响材料正常生长的条件下，尽量缩短光照时间，减少能源消耗，降低生产成本。

（3）**光质光质**　对诱导、培养组织的增殖以及器官的分化都有明显的影响。如在香石竹的培养中，蓝光有利于诱导侧芽产生，促进提高茎叶中的还原糖含量，但对总糖的影响不大，还有利于蛋白质含量的增加；红光可以促进芽增长，并且生长整齐；白光有利于试管苗的生长发育，生物产量最高，红光次之，白光还能增大叶绿素的合成。在唐菖蒲的子球切块培养中，在蓝光下出苗比在白光和红光下早，且幼苗生长旺盛，根系粗壮；白光下幼苗纤细；红光下出苗量少。红光对百合愈伤组织的诱导和生长比在白光下好。光质对植物组织分化的影响目前尚无一定规律可循，这可能是不同植物对光信号反应不同所致。但如果能把这些光质的作用，有意识地运用到种苗的规模化生产中，可达到节省能源、提高产量的目的。

3. 试管苗湿度的调控

湿度对试管苗的影响包括培养容器内湿度和培养室湿度两个方面。

（1）**培养容器内的湿度**　容器内的湿度通常为 100%，之后随着培养时间的推移，相对湿度也会有所下降。培育容器内湿度主要受培养基水分含量和封口材料的影响。在冬季应适当减少琼脂用量，否则，将导致培养基干硬，不利于外植体接触或插进培养基，使生长发育受阻。在培养容器封口材料选择上应十分注意，所选择的封口材料至少要保证在一个月内有充足水分来满足外植体的需要。如果培养容器内水分散失过多，培养基渗透压升高，会阻碍培养物的生长和分化。当然，封口材料过于密闭，影响气体交流，导致有害气体难于散去，也会影响培养物的生长和分化。

（2）**培养室的环境湿度**　环境湿度变化随季节和大气湿度而有很大变动。湿度过高或过低对培养材料的生长都是不利的，过低会造成培养基失水而干枯，影响培养物的生长和分化；湿度过高会造成杂菌滋生，导致大量污染。培养室的相对湿度一般要保持在 40% ~ 60%，湿度过高时可用除湿机降湿，过低时可采用喷水或加湿机来加湿。

4. 试管苗气体条件的调控

植物组织培养中，植物的呼吸需要氧气。在液体培养中，需进行振荡、旋转或浅层培养以解决氧气供应。在固体培养中，接种时不要把培养物全部埋入培养基中，以避免氧气不足。刚切割后的外植体会产生乙烯，造成材料的老化，从而影响生长和分化。另外，培养物会产生二氧化碳，当浓度过高时，也会阻碍培养物的生长和分化。因此要注意瓶内与外界保持通气状态，最好采用通气性好的瓶盖、带有滤膜的封口材料或棉塞。培养室要可适当通风换气，通过通风过滤装置改善室内的通气状况。

二、植物组织培养中常见问题及控制

尽管组培技术日趋成熟，但在不同的培养阶段还是会出现一些比较难解决的问题，常见的有污染、褐化、玻璃化及内生菌等问题，这些问题将直接关系到组培是否成功或影响生产成本，必须引起重视。

1. 污染

污染是指在组织培养过程中培养基和培养材料滋生杂菌，导致培养失败的现象。组织培养中微生物污染主要是由细菌、真菌引起的。细菌污染的特点是菌斑呈黏液状，有臭味，在接种后 1 ~ 2d 即可发现；真菌污染的特点是培养基出现绒毛状菌丝，之后形成孢子，在接种后 3 ~ 10d 才能发现。

（1）污染原因

① 外植体带菌。其原因是外植体表面消毒不彻底。通常多年生的木本材料比 1 ~ 2 年生的草本材料带菌多；老的材料比嫩的带菌多；田间生长的材料比温室的带菌多；带泥土的材料比地上部分带菌多；阴雨天采集的材料带菌多；一天中以中午阳光最强时的材料带菌少。

② 培养基或器具带菌。高压蒸汽灭菌的温度、压力、时间和操作使用情况，以及过滤灭菌中过滤膜孔径，过滤灭菌器械的灭菌处理、过滤灭菌操作不当等均影响培养基的灭菌效果。此外，培养瓶瓶盖松动、培养基存放时间太长都可能导致染菌。

③ 操作不规范。操作人员个人消毒未做好，操作过程不规范、不熟练，经常走动，在操作时说话等都可能导致染菌。

④ 接种及培养环境洁净度不达标。接种室不清洁、不干燥、不密封，接种室不经常用紫外线灯照射，不经常用 70% 的乙醇喷雾杀菌；超净工作台不提前灭菌，风机不打开，培养室无定期消毒灭菌等。

（2）预防措施

① 接种室的灭菌。在每次接种前30min，用20%的新洁尔灭擦洗室内设备、工作台面，再用紫外线灯照射 20min。使用前还可以喷洒 70% 的乙醇，使空气中灰尘迅速下降。若有污染的材料不可以就地清洗，必须高压灭菌后再清洗，否则会导致大量孢子弥漫。加强环境的灭菌消毒，要及时打扫卫生，定期蒸熏消毒，保证环境的干净。

② 规范操作。在进行组织培养时，一定保证培养基灭菌彻底，器皿和用具一定消毒彻底，保证无菌，同时在接种时应严格按照无菌操作规范流程。接种时接种人员的手、手腕要用酒精棉球好好擦拭，接种时避免交叉污染，并且要求接种人员的技术娴熟、干练。接种时，培养容器及其封口材料应始终处于酒精灯火焰的有效灭菌区之内，而且容器要倾斜握持，使其纵轴线与水平线成 45°左右夹角。打开容器封口后，其封口材料应倒放于超净工作台的台面上。接种工具每切割接种一瓶，都必须进行灼烧灭菌，以防交叉污染。外植体和操作器具的接种部位不能接触工作台面、培养容器外壁以及各种物体表面。

③ 外植体选择与消毒。由于不同种类的植物材料，不同的取材部位、取材大小、取材年龄以及取材时期，其带菌量不同，为此在取材时应仔细选择，以减少污染的发生。最好在大棚预培养一段时间，采集新长的部分作为外植体。一般在春季采集生长健壮的材料为

佳，在连续晴天的中午取材，选取洁净、生长旺盛的部位，现取现消毒。也可在室内对枝条进行液体培养催芽，即用刷子沾少量的洗衣粉或肥皂稀溶液把枝条刷洗干净，进行水培或者液体培养，选择新抽生的嫩枝或者嫩芽作为外植体，可降低污染率。外植体消毒可采用多次消毒或多种消毒剂交替浸泡以减少污染。

④ 污染材料的处理。培养过程中发现污染的材料应及时处理，否则将导致培养室环境污染。对一些特别珍贵的材料，可以取出再次进行更为严格的消毒，然后接入新鲜的培养基中重新培养。要处理的污染培养瓶最好在打开瓶盖前，先集中进行高压灭菌，再清除污染物，然后洗净备用。

2. 褐变

褐变是指外植体在培养过程中向培养基释放褐色物质，导致培养基逐渐变成褐色，培养物本身也慢慢死亡的现象。不少植物在组织培养中有褐变现象，尤其以木本植物最为严重。外植体在接种时由于切割等原因，致使伤口处释放出酚类化合物和多酚氧化酶，在有氧的条件下，伤口处的酚类物质被多酚氧化酶催化氧化成醌类物质，醌类物质再通过非酶促反应形成褐色物质，并逐渐扩散到培养基中，抑制细胞内其他酶的活性，毒害细胞或组织，甚至导致整个外植体死亡，如图 5-1。

图 5-1　褐变现象

（1）褐变原因

① 植物品种（基因型）。不同种类的植物，细胞内的多酚类物质含量及多酚氧化酶的种类、活性存在差异。一般木本植物的酚类化合物含量较草本植物高，组培时木本植物更易褐化。对于易褐变的植物，应选择褐变程度轻的材料作为外植体。

② 外植体的生理状态。外植体的老化程度、年龄、大小和取材部位都会影响褐变的发生。外植体的老化程度越高，其木质素的含量也越高，也越容易发生褐变；大的外植体比小的外植体容易发生褐变；成龄材料一般比幼龄材料褐变严重；切口越大，酚类物质的被氧化面积也越大，褐变程度就会越严重。

③ 培养基成分。培养基中无机盐浓度过高，会引起酚类物质大量产生，导致褐变；细胞分裂素水平过高，促进酚类化合物合成，而且刺激多酚氧化酶的活性，增加褐变；液体培养可以使产生的有毒有害物质很快和均匀地扩散到培养基中，使得褐变程度减轻。

④ 培养条件。光照过强、温度过高、培养时间过长均加速褐变的发生。接种后的初代

培养在黑暗条件下，对抑制褐变也有一定的效果。高温促进酚氧化，培养温度越高，褐变越严重。在 15 ～ 25℃培养卡特兰，比在 25℃以上时褐变要轻。

（2）预防措施

① 选择适宜的外植体。选择生长旺盛的外植体如芽、茎尖、幼嫩的茎段等具有较强的分生能力的部位，褐变程度较低，也就是说尽可能地选择幼嫩的部位，选择大小适宜、生长旺盛的外植体。

② 选择合适的培养条件。适度的低温（15 ～ 25℃）、初始培养阶段在暗光或弱光培养可抑制酚类的氧化，减少褐变；琼脂量的减少、较低的 pH（如调至 5.5）可减少褐变现象的发生；降低培养基无机盐的浓度可以减少酚类外溢，减少褐化产生；降低培养基中适宜的细胞分裂素浓度可以减轻或抑制褐变。

③ 加快转接的速度。试管苗长时间不转接，会引起褐变物质的积累，加重对培养材料的伤害，严重时导致植物材料的死亡。缩短转接周期，可减少褐变的产生和危害。对容易发生褐变的植物，在外植体消毒接种后 2d 左右立即转移到新鲜培养基上，之后连续转移3 ～ 4 次左右可减轻外植体的褐变程度。在兰花、无花果等多种植物组培中使用这个方法，收到良好的效果。

④ 加抗氧化剂。在培养基中加入抗氧化剂，如抗坏血酸、过氧化氢、半胱氨酸等。抗氧化剂要分次使用，应注意有些抗氧化剂会对培养物产生毒害作用，要避免长期在含这些抗氧化剂的培养基中培养。

⑤ 加活性炭。在培养基中加入 0.1% ～ 0.5% 的活性炭可减少褐变的产生，主要利用活性炭的吸附能力来吸附产生褐变的有害物质。但活性炭在吸附有害物质的同时也吸附营养物质和激素，会影响外植体的生长和发育因此在使用过程中应尽量采取最小浓度。

3.玻璃化

玻璃化是试管苗的一种生理失调症，在植物组织培养过程中，由于含水量高，有些培养物的嫩茎或叶片呈现半透明或水渍状的现象，如图 5-2。玻璃化苗植株矮小、节间短、叶水渍状、半透明、脆、易碎。玻璃化苗中因体内含水量高，干物质、叶绿素、蛋白质、纤维素和木质素含量低，叶表无角质层，无功能性气孔器，玻璃化的叶子只有海绵组织没有栅栏组织，表现为光合能力和酶活性降低、组织畸形、器官功能不全、分化能力降低、生根困难、移栽后很难成活。玻璃化苗在植物组培中很普遍，有时多达 50% 以上，严重影响繁殖率，造成较大的损失。

图 5-2 玻璃化现象

（1）玻璃化原因

① 激素浓度不适宜。细胞分裂素浓度过高或细胞分裂素与生长素的比例失调都会导致玻璃化苗的增加。

② 培养基成分。培养基类型和无机盐含量是影响玻璃化形成的重要因素之一，研究表明 MS 培养基是控制玻璃化产生的较为理想的培养基，且适当降低培养基中铵态氮和钙的含量，增加硝态氮含量对防止或减轻玻璃化苗的产生效果显著。另外，琼脂或蔗糖浓度越高，玻璃化苗的比率越低。

③ 培养条件。光照、温度、湿度等环境条件均在一定程度上影响着玻璃化的产生，适当增加光强和适当低温能减低玻璃化产生，培养基的含水量影响玻璃化苗的形成，培养基中含水量越高，玻璃化越严重。

（2）预防措施

① 增加琼脂浓度。在固体培养时，适当增加琼脂的浓度，并提高琼脂的纯度，都可增加培养基的硬度，从而使细胞吸水受阻，降低玻璃化。

② 提高蔗糖浓度。提高培养基的蔗糖浓度，可提高渗透压，降低培养基的渗透势，减少培养材料水分的获得。

③ 改良培养基。增加培养基中钙、镁、锰、钾、磷、铁元素的含量，降低氮和氯元素的含量，特别是降低铵态氮的浓度，提高硝态氮的含量，适当降低细胞分裂素浓度是克服玻璃化的重要措施。

④ 改善培养条件。用有透气口的封口膜封瓶口或者用有透气垫的瓶盖封瓶口。增加自然光照、控制光照时间、降低温度、降低湿度都可有效控制玻璃化的产生。

⑤ 加入其他物质。在培养基中添加活性炭、多效唑、间苯三酚、根皮苷、矮壮素（CCC）等均可有效地减轻和防止玻璃化。

4. 内生菌

植物内生菌是指在其一生或一生中的某个阶段能进入活体植物组织内，并且不引起明显组织变化的真菌或细菌，主要包括内生细菌、内生真菌和内生放线菌。内生菌普遍存在于植物组织中，且难以用常规方法彻底消灭。当植物组织进行离体培养时，这些内生菌就容易引起污染。研究表明，在正常的灭菌条件下，由内生菌造成的污染占所有污染源的 1/4。污染若发生在培养过程早期，往往导致增殖效率降低，材料生长减缓，玻璃化苗增加，甚至培养失败；发生在后期则会导致组培苗移栽困难和死亡。此外，污染还会引起培养材料遗传物质变异。

内生菌存在于植物细胞内或细胞间，在外植体接种后的前几代培养中不易被肉眼察觉。初代培养中，表面细菌引起的污染通常出现在接种后 2～3d，表现为外植体周围或培养基表面产生菌落。而接种后 3～5d 内无症状，但之后的培养过程中不断出现菌落，就可能是由内生菌引起的。

预防和解决组培内生菌污染的措施有外植体选择、材料预处理、组培环境的控制，以及杀菌剂、抗生素的使用等，能够有效降低内生菌污染率。

减少外植体带菌量的栽培手段主要包括促发新枝、暗培养和水培等。用杀菌剂或抗生素对母株进行预处理，采用杀菌剂或抗生素对母株进行连续多日消毒处理，可降低带菌量。例如，每 2～3d 喷洒 1 次消毒液，浓度不宜过高，半个月到 1 个月之后，可以有效控制母株的内生菌量。在培养基中添加抗生素能够有效防止细菌污染的发生。有研究发现在北美海棠培养基中添加羧苄西林（又称羧苄青霉素）＋卡那霉素，获得良好的脱菌效果；在葡萄培养基中添加四环素，能够有效抑制内生菌的滋生。

练习与思考

1. 采取哪些措施可以减少褐化现象？
2. 产生玻璃化现象的主要原因有哪些？

项目六　试管苗的驯化移栽与苗期管理

知识目标

1. 掌握试管苗驯化的方法、移栽基质的种类及配制、试管苗苗期管理知识。
2. 会进行移栽基质的配制、消毒、试管苗移栽及移栽后的养护管理技术。

项目导入

试管苗的生长一直处于"温室"中，通过人为调节获得适宜的生长条件，如何让瓶内的"温室的花朵"适应外界大自然的气候条件？

必备知识

试管苗移栽是植物组培快繁的最后一个环节，也是非常关键的一个环节，技术过程较为复杂，移栽技术直接影响着整个生产，是组培快繁能否出产品、有效益的最终环节。在生产实践中，我们根据试管苗与自然苗的生理功能及生存环境等方面的差异，人为创造从试管苗生境逐渐向自然环境转化的过渡条件，建立科学的驯化移栽工序和方法，对提高移栽成活率是非常重要而有意义的。

一、试管苗的生长环境与特点

试管苗长期生活在密闭容器中，形成其独特的生态系统，与外界环境相比差异很大，试管内条件主要有①恒温：试管苗生活在恒温的环境下，试管苗整个生长过程中采用的是恒温培养，温差很小，并且温度一般控制在 25℃左右。而外界自然环境条件下温度的不断变化，冬冷夏热，温差大。②高湿：由于培养瓶几乎是密闭的环境，试管苗水分从气孔蒸腾，培养基水分向外蒸发，在培养瓶内凝结后又进入培养基，水分在瓶内循环移动造成瓶内相对湿度接近 100%，远远大于瓶外空气湿度。③弱光：试管瓶内光照一般比太阳光弱，幼苗生长也较弱，不能受太阳光直接照射。④无菌：试管苗所在环境无菌，与外界有菌环境不同，试管苗也是无菌的。

综上，试管苗是在无菌、有营养供给、适宜光照和温度及近乎 100% 相对湿度的相对优越的环境条件下生长的，在生理、形态等方面都与自然条件下生长的正常小苗有很大差异。首先是试管苗生长细弱、茎、叶表面角质层不发达，叶片气孔数目少，气孔调节能力差。叶绿体的光合作用较差。根的吸收能力极低，根系吸收水分难以满足小苗蒸腾作用的消耗，小苗体内的水分达不到平衡。组织幼嫩，机械组织很不发达，容易发生机械损伤，对逆境的适应性和抵抗能力较差。如果将试管苗直接移栽到自然环境中，其蒸腾作用极大，失水率很高，非常容易死亡。

二、试管苗的驯化

驯化也叫炼苗，是指试管苗由一种生长环境转移到另一种差异较大的生长环境的适应过程。驯化的目的是提高试管苗对外界环境条件的适应性，提高光合作用能力，使试管苗健壮，提高试管苗移栽成活率，使试管苗由异养转为自养。

驯化是通过调节温度、湿度、光照和无菌等环境要素，前期和原来的培养条件相似，后期与预计栽培条件相似。驯化的方法是将培养完整的组培苗移到温室（塑料大棚内或半遮阳的自然光下），如图 6-1。开始保持与培养室比较接近的环境条件，如适当遮光，提高湿度，以后逐渐撤除保护，使光照条件接近生长环境，然后松开瓶盖或去除封口材料，使试管苗逐步适应环境条件。驯化成功的标准是试管苗茎叶颜色加深，根系颜色由黄白色变为黄褐色；植物体内叶绿体的光合作用能力恢复到正常状态。驯化一般进行 1 ～ 2 周（视组培材料而定）。有些植物在生根阶段与炼苗同时进行，这样可以节省组培生产工艺流程，提高生产效率，并且移栽成活率更高。

图 6-1　试管苗在温室大棚炼苗

三、试管苗的移栽

1. 移栽基质

移栽的基质要疏松，透水透气，有一定的保水性，易消毒处理，不利于杂菌滋生。一般来说，无土栽培所用的基质均可用于试管苗的移栽，常用泥炭土、珍珠岩、蛭石、粗沙、炉灰渣、谷壳、锯木屑、腐殖土、树皮、水草等。要根据植物种类的特性，选择合适的栽培基质并将它们以一定的比例混合使用，这样才能获得满意的栽培效果。应用较多的是取泥炭土和珍珠岩按 3 ∶ 1 混合，或采用泥炭土＋蛭石＋珍珠岩的复合基质，比例大致为 4 ∶ 1 ∶ 1。

　　基质使用前应进行消毒处理，消灭其中绝大多数的微生物，预防试管苗被微生物侵染。消毒的方法有：喷施多菌灵、百菌清灭菌、高锰酸钾溶液或将基质进行高温灭菌处理。将灭菌好的基质装入穴盘或营养钵中，刮平，浇透水备用。

2. 移栽步骤

　　将驯化后的小苗取出，用清水洗去附着于根部的培养基及琼脂，要轻拿轻放，动作要轻，尽量减少对根系和叶片的伤害。用万分之一左右浓度的高锰酸钾溶液浸泡 5min 左右，然后移栽到混合基质中。栽植深度适宜，栽植时不伤根，压实。移栽后要浇透定根水，栽后保持一定的温度和水分，适当遮阳，注意病虫害防治，当长出 2 ～ 3 片新叶时，就可将其移栽到田间或盆钵中。

四、组培苗的苗期管理

　　试管苗移栽到适宜的基质后，要注意控制温度、湿度、光照和洁净度等环境条件，满足试管苗生长的最适要求，促使小苗尽早定植成活。

1. 保持水分供需平衡

　　试管苗在移栽后 1 ～ 5d 内，应给予较高的空气湿度条件，尤其在移栽最初的 3d 内，尽量接近培养瓶的条件，空气湿度保持90% ～ 100% 的相对湿度，比基质中的水分更重要。这样能使叶面的水分蒸发减少，让小苗始终保持挺拔的状态。保持小苗水分供需平衡，基质要浇透水，所放置的床面也要浇湿，然后搭设小拱棚，以减少水分的蒸发，并且初期要常喷雾处理，保持拱棚薄膜上有水珠出现。5 ～ 7d 后，发现小苗有生长趋势，可逐渐降低湿度，减少喷水次数，将拱棚两端打开通风，使小苗适应湿度较小的条件。当小苗新根系长成，具有吸水能力时，可揭去拱棚的薄膜，并给予水分控制，逐渐减少浇水，促进小苗长得粗壮（图 6-2）。

图 6-2　刚移栽的苗置于拱罩内生长

2.适宜的温度和光照条件

试管苗移栽以后要保持一定的温度和光照条件，温度过低会使幼苗生长迟缓，或不易成活；温度过高会使水分蒸发，从而使水分平衡受到破坏，并会促使菌类滋生。冬春季温度较低时，可用电热设备来加温。移栽初期光照不宜强烈，如在小拱棚上加盖遮阳网或报纸等，以防阳光灼伤小苗和增加水分蒸发。当小植株有了新的生长时，逐渐加强光照，后期可直接利用自然光照，促进光合产物的积累，增强抗性，促其成活。

3.防止杂菌滋生

试管苗原来的生长环境是无菌的，移栽后要保持环境清洁，减少杂菌滋生，保证试管苗顺利过渡。除栽培基质要预先消毒外，试管苗移栽后定期使用一定浓度的百菌清、多菌灵、甲基托布津等杀菌剂，可以有效地保护幼苗，预防病害发生。整个栽培环境做到清洁、通风、偏强光照，适当喷施 0.1% 的磷酸二氢钾，或用 1/2 MS 的水溶液作追肥，促使试管苗生长旺盛，自然会提高试管苗抵御病害侵扰的能力。在移苗时尽量少伤苗，伤口过多、根损伤过多都是造成死苗的原因。

4.保持基质适当的通气性

要选择适当的颗粒状基质，保证良好的通气作用。在管理过程中不要浇水过多，过多的水应迅速沥除，以利根系呼吸。

在试管苗养护管理过程中，应综合考虑各种生态因子的相互作用，如光照与温度、湿度与通气。还有最重要的一点，就是管理人员的责任心。各种环境因子会随时随地发生变化，只有认真负责、精心养护，才能及时调节各种变化中的生态因子，为试管苗提供最佳的生长环境。在植物组织培养中，移栽是最后，也是非常重要的一个环节，移栽成活率的高低与经济效益密切相关。因此，在优化移栽技术的基础上，还要强化管理技术。

 练习与思考

1.试管苗如果不经过炼苗驯化会导致什么问题？

2.试管苗洗苗时如果培养基没有清洗干净会出现什么后果？

3.哪些措施可以提高移栽成活率？

任务八 广藿香试管苗的驯化与移栽

【任务目的】

1.掌握广藿香移栽基质的配制、消毒方法。

2.掌握广藿香生根试管苗的炼苗、常规移栽及移栽后的养护管理技术。

【任务准备】

塑料盒、穴盘或育苗盘、周转筐、镊子、基质（蛭石、草炭和珍珠岩等）、黑色塑料、喷雾器、橡胶手套、塑料钎等。

广藿香生根试管苗、500 ～ 800 倍多菌灵溶液、2% 高锰酸钾溶液。

【任务实施】

1. 炼苗

当广藿香试管苗的根呈嫩白色、具有 2 ～ 3 条 1 ～ 2cm 的根时，将培养瓶转移至温室或塑料大棚内 50% ～ 70% 的遮阳网下进行驯化。炼苗 7d 左右。

2. 基质混配消毒

（1）**基质混配**　按比例（如泥炭土∶蛭石 = 3∶1）将基质原料混拌均匀。

（2）**基质消毒**　基质边混边消毒：用花洒向基质中喷洒 0.2% 高锰酸钾溶液或 500 ～ 800 倍多菌灵溶液，要求全面、彻底。

3. 基质装填

采用苗床移苗时，先在苗床内铺上塑料布，然后填入消毒过的基质；采用穴盘移苗时，将基质填至穴盆上，然后用木刮板刮平；采用塑料钵移苗时，则将基质装至距钵沿儿 0.5 ～ 1.0cm 处。基质装填后浇透水。

4. 试管苗移栽

（1）**试管苗清洗**　用镊子小心地将广藿香试管苗从培养瓶中取出，放入水中轻轻清洗附着在根上的培养基，对过长的根要适当修剪后，再清洗。

（2）**试管苗消毒**　将清洗后广藿香试管苗放入 0.01% 的高锰酸钾溶液浸泡 5min 左右，准备移栽。

（3）**试管苗移栽**　在基质上用竹签或打孔器均匀打好孔，孔深及孔大小根据广藿香试管苗根系发达程度来定。然后手持镊子夹住试管苗，轻轻放入空穴内，并舒展根系，覆土压实。

（4）**淋透定根水**　将移栽好的苗淋透定根水，如有倒伏的苗要扶正。

（5）**保湿去薄膜**　覆盖保湿，或置于小拱罩内进行培养，7d 后去除薄膜。

5. 观察记录及结果统计

定期观察幼苗生长情况并做好记录，15d 后统计移栽成活率。

$$移栽成活率（\%）=\frac{移栽成活苗数}{移栽总苗数}\times100\%$$

6. 栽后管理

在小苗移栽初期，应注意遮阳和保湿，相对湿度控制在 85% 左右，温度为 24 ～ 28℃。

【结果与评价】

将结果与记录填入工作手册中，并完成任务评价。

结果与评价表单

微课：试管苗移栽技术

模块二　应用技术

本模块学习植物脱毒的方法，特别是微茎尖的组培脱毒技术以及植物种质资源离体保存技术，进一步认识植物组织培养技术的重要应用和优势。

职业与素养目标

1. 在植物微茎尖切割操作过程中培养耐心、专注、精益求精的工匠精神。简单的事情重复做，重复工作中做出好技术。

2. 在学习植物种质资源保存的知识中认识种质资源的重要性，培养种质资源保护意识。

项目七 植物脱毒

 知识目标

1. 掌握植物脱毒的方法，特别是微茎尖脱毒技术原理和方法。
2. 会进行植物微茎尖切割操作和微茎尖培养技术，懂得脱毒苗的保存和繁殖方法。
3. 了解无病毒苗的检测方法。

项目导入

植物病毒病严重地影响果树、蔬菜、花卉、林木等植物的生长，造成产量降低，品质变劣，而使用常规的化学农药及其他试剂很难彻底杀死病毒，受病毒侵染的植物病毒代代相传。病毒是一种什么样的微小生物？如何去除植物病毒使植物恢复原有特性？什么方法可提供无病毒优质种苗？

必备知识

一、植物病毒病

植物病毒病是指由植物病毒感染而引起的病害。植物病毒病常被称为"植物癌症"，植物病毒必须在寄主细胞内营寄生生活，在寄主细胞中进行核酸（RNA 或 DNA）和蛋白质外壳的复制，组成新的病毒粒体。病毒比细菌和真菌小得多，多数只有头发直径的万分之一大小，一般在上百万倍的电子显微镜下才能观察到病毒。病毒没有细胞结构，仅由核酸和蛋白质外壳构成。蛋白质外壳决定了病毒的形状，常见植物病毒呈杆状、线状或者其他球形形状。植物病毒只能寄生在植物细胞中，通过掠夺正常细胞的营养用于自身复制繁殖，从而对植物产生危害。

植物病毒粒体或病毒核酸在植物细胞间转移速度很慢，而在维管束中则可随植物的营养流动方向而迅速转移，使植物周身发病。植物感染病毒后，植物的细胞和组织结构会发生变化，叶片表现出黄化、褪绿、坏死、枯斑、卷曲或者畸形的症状，还会出现长不高、木栓化等情况。植物的病毒病原体可通过维管束传导，一旦植物感染上病毒之后，就会代代相传越趋严重。

1. 危害植物的病毒种类

早在 15 世纪，人们发现了马铃薯的"退化"问题，直到 18 世纪美国学者 Orton 研究确认病毒是导致退化的主要因素。病毒具有严格的寄生性，只有在特定的宿主细胞内才能表现出生长、繁殖等生命现象。

感染植物的病毒种类繁多，截至 2017 年国际病毒分类委员会（ICTV）第十次报告公布的植物病毒已有 131 科、803 属共 4853 种，比第九次报告公布的增加了 44 科 454 个属、2568 种，变化颇大。随着栽培时间的延长，病毒的种类和数量都在呈逐年上升的趋势。在自然界中，植物病毒侵染植物的现象非常普遍，一种病毒可以侵染多种植物，同种植物又可被多种病毒侵染。

2. 植物病毒病的主要症状

植物感染病毒后的症状分为内部症状和外部症状。

内部症状主要是指植物组织和细胞的病变，如组织和细胞的增生，肥大细胞和筛管坏死及形成各种类型的内含体。

外部症状是指植物本身正常的生理代谢受到干扰，使植株表现出异常状态。如地黄受到病毒的侵染后，叶形变小，叶面产生黄白色不规则斑点，叶脉隆起；人参感染病毒后，叶片皱缩，植株矮小，茎高仅为正常植株的 17%，结实率降低；草莓感染皱缩病毒后，叶片急性扭曲，叶面有褪绿斑，叶小，叶柄短等。

3. 植物病毒的危害

目前，病毒病已成为世界作物生产中仅次于真菌病害的主要病害，是造成大田农作物、中药材、园艺花卉植物等的生活力、产量和品质下降，甚至造成植株大面积死亡的重要原因之一，给农业生产造成巨大的危害和损失。如草莓病毒，曾使日本草莓产量严重降低，品质大大退化，使生产几乎受到灭顶之灾；柑橘的衰退病曾经毁灭了巴西的大部分柑橘；花卉病毒的危害主要表现在球茎、宿根等花卉的严重退化上，致使花小而少，甚至畸形、变色，观赏价值大大下降。

二、植物脱毒的方法

植物脱毒能够有效地保持优良品种的特性。任何一种优良品种均需有一个稳定保存其遗传性状的繁殖方法。脱毒培养可以很好地保持品种的优良特性，防止品种退化，是无性繁殖品种繁育的理想途径。如采用离体脱毒，培养周期短、不受季节限制、繁殖系数高，繁殖速度是任何其他方法所不能比的。植物脱毒技术不仅脱除了病毒，还可以去除多种真菌、细菌及线虫病害，使种性得以恢复，植株生长健壮，减少肥料和农药的施用量，降低生产成本，保护环境。

1. 热处理脱毒

热处理是应用最早的植物脱毒方法之一，原理是通过适当高温使植物病毒的蛋白变性，在高于常温的温度下（35～40℃）钝化失活，使病毒在植物体内增殖减缓或增殖停止，失去传染能力。热处理不能彻底杀死病毒，但能使一些遇热不稳定的病毒失活或钝化，热处理可以加速植物细胞的分裂，使植物细胞在与病毒繁殖的竞争中取胜。常见的热处理方法有两种，一种是温水处理，一种是热空气处理。

（1）**温水处理脱毒法**　将材料置于 50℃左右热水中浸渍几分钟或在 35℃左右的热水中处理 30～40h。其特点是简单易行，成本低，但易使材料受伤，适用于甘蔗、木本植物和休眠器官的处理。

（2）**热空气处理脱毒法**　将植物用 35～40℃的热空气处理 2～4 周或更长时间。这个过程一般在光照培养箱中进行。处理时，最重要的影响因素是处理的温度和时间。通常情况下，处理温度越高，时间越长，脱毒效果就越好，但植株的存活率却呈现下降的趋势。

对于不同的植物和病毒种类来讲，热处理的温度和时间都有所差异。香石竹于 38℃下处理 2 个月，所含病毒才能被脱除；马铃薯在 37℃的温度下处理 20d 就可脱除卷叶病毒。热空气处理脱毒法特点是损伤较小，操作简便，但需严格控制温度和时间，适用于大多数植物。

2. 微茎尖脱毒

（1）微茎尖脱毒原理　植物病毒在宿主体内的分布是不均匀的，植物病毒本身不具有主动转移的能力：在一个植物体内，病毒容易通过维管系统而移动，但在分生组织中不存在维管系统，病毒转移困难；在旺盛分裂的分生细胞中，代谢活性高，竞争抑制了病毒的复制；在茎尖存在高水平内源生长素，也可能抑制病毒的增殖。

（2）茎尖切割大小与脱毒效果　茎尖大小是影响脱毒效果的最主要因素。茎尖切割得越大，脱毒效果越差，成活率越高；茎尖切割得越小，脱毒效果越好，成活率越低。茎尖分生组织不能合成自身需要的生长素，但下部叶原基可以提供，因而带叶原基的茎尖生长快，成苗率高。在茎尖离体培养脱毒实践中，通常以带 1 ～ 2 个幼叶原基的茎尖（0.3 ～ 0.5mm）　做外植体最适合，脱毒效果最好。

（3）微茎尖培养脱毒步骤

① 茎尖消毒。在选定的植株上采顶芽与侧芽进行消毒接种。消毒方法是剪取顶芽梢段或侧芽 3 ～ 5cm，剥去大叶片，用 75% 的酒精棉球擦洗干净，在 75% 的乙醇中浸泡 30s 左右，再用 1% ～ 3% 的次氯酸钠溶液消毒 10 ～ 20min，最后用无菌水冲洗材料 4 ～ 5 次。

② 茎尖剥离与接种。在体视显微镜下，用解剖刀尖剥去幼叶，露出生长点后，用刀尖切下带 1 ～ 2 个叶原基的生长点（0.3 ～ 0.5mm），如图 7-1。再用解剖针将切下的茎尖转接到培养基，多选用 MS、White 和 Morel 培养基，培养基中加入 IAA、NAA、KT 或椰乳，适当配合 GA 可促进茎尖外植体的生长与分化，应避免使用 2,4-D。每个试管可接 1 ～ 2 个茎尖，接种时茎尖顶部向上。为防止茎尖失水，需用无菌水润湿滤纸。操作时注意随时更换滤纸和接种工具，剥取茎尖时切勿损伤生长点。

③ 诱导培养。温度控制在 25℃，湿度控制在 70% ～ 80%，光照控制在 10 ～ 16h/d（光照度为 1500 ～ 5000lx），60d 左右，茎尖再生出绿芽，期间应更换培养基，提高 6-BA 浓度可形成大量丛生芽。之后进行增殖和生根培养（图 7-2）。移栽后需要在具有防虫网的温室中进行管理。

微课：微茎尖培养脱毒

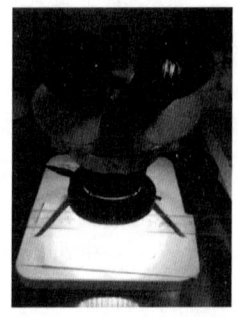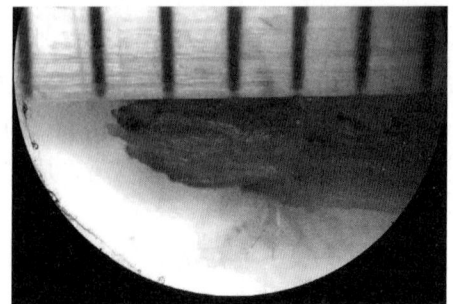

图 7-1　使用解剖镜进行微茎尖剥离

图 7-2　微茎尖诱导及增殖培养过程

3. 热处理结合微茎尖培养脱毒

当单独使用热处理或微茎尖培养都不能有效脱除病毒时，将微茎尖培养和热处理两种脱毒方法结合使用，能明显提高脱毒率。热处理结合微茎尖培养脱毒是目前最常用的有效脱毒方法，原理是植株经过热处理脱毒后，可以使原植物生长点顶端的免疫区得以扩大，无病毒外植体茎尖的可取材范围大于未经热处理的，这样既能保证较高的脱毒率，又可以提高离体茎尖的存活率。两者结合的特点就是既可缩短热处理时间，提高植株成活率，又可剥离较大的茎尖，提高茎尖培养的成活率和脱毒率，适用于大多数植物，并可除去一般培养难以去除的纺锤块茎类病毒。

4. 愈伤组织培养脱毒

在病毒感染组织所诱导形成的愈伤组织中，并非所有的细胞都均匀一致地带有该种病原体，从愈伤组织再分化产生的小植株中，可以得到一定比例的脱毒苗。这在天竺葵、马铃薯、大蒜、草莓、枸杞等植物上已有所体现。此外，对感染烟草花叶病毒的愈伤组织进行机械分离，结果显示仅有 40% 的单个细胞含有病毒。由愈伤组织培养可以获得脱毒植株的原因可能有：第一，病毒在植株体内不同的器官或组织中分布不均匀；第二，愈伤组织细胞分裂速度快，而病毒粒子复制速度慢，赶不上细胞的增殖速度；第三，在愈伤组织诱导和增殖过程中，有部分细胞发生了突变，产生了对病毒的抗性。但是，愈伤组织培养脱毒也存在一些缺陷，如再分化植株的遗传性状不稳定，与亲本植株相比可能会发生变异，并且一些植物的愈伤组织再分化困难，尚不能产生再生植株等。

5. 花药或花粉培养脱毒

花药或花粉培养是指花药或花粉经脱分化诱导产生愈伤组织，再分化形成根、芽或胚状体，最终成为完整植株。由于雄性配子体在植株体内属于高度活跃不断分化生长的细胞，从理论上来讲，花药含病毒质粒很少或几乎没有。花药培养脱毒的原理目前还不太清楚，可能是花药脱分化形成愈伤组织的某一过程中脱掉了病毒或者是病毒的复制速度赶不上愈伤组织的增殖速度而脱掉了病毒。"日本 1 号"和"星都 2 号"两个草莓品种的脱毒苗就是利用草莓花药培养脱毒技术获得的，田间试验表明，脱毒苗产量分别比对照提高 30.3% 和 34.3%。所以，草莓花药培养获得脱毒苗是切实可行的，并且操作较茎尖分生组织脱毒更为简单。目前花药培养已成为生产草莓脱毒苗的主要途径。

6. 珠心胚培养脱毒

珠心胚培养脱毒是柑橘类植物所特有的一种脱毒方法。柑橘类植物中温州蜜柑、甜橙、柠檬等80%以上的种类具有多胚现象，即种子中除含有受精卵发育形成的合子胚之外，还含有由多个珠心细胞发育形成的无性胚，称为珠心胚。病毒常通过维管束的韧皮组织传播，而珠心胚与维管组织没有直接联系，因此，用组织培养的方法培养珠心胚，可得到脱除病毒的植株。而且由于珠心胚来源于母本体细胞，用珠心胚培养得到的脱毒苗还可以保持母体植株的遗传特性。珠心胚培养技术对除去柑橘主要病毒，如引起银屑病、叶脉突出病、柑橘裂皮病、柑橘速衰病等的病毒都十分有效。珠心胚大多不育，必须经分离培养才能发育成正常的幼苗，而且常常会发生20%～30%的变异；周期长，要6～8年才能结果，所以可将珠心胚培养获得的脱毒植株嫁接到3年生砧木上，以促使其提早结果。

三、无病毒苗的检测

经过脱毒处理的植株是否真正地脱除了病毒，还需要经过鉴定才能够确定。传统的鉴定方法有直接观察法和指示植物法。近年来，随着生物科学的迅猛发展，免疫学、分子生物学和电子显微镜等先进技术的应用，极大地推动了病毒检测技术的改进与发展。

1. 直接观察法

病毒侵入植物体内后，植物会表现出相应的症状，如变色、坏死、萎蔫、畸形等。所以确定植物脱毒后组织中是否还存在病毒最简单的方法，就是观察植株有无病毒感染所表现出的可见症状。然而，寄主植株感染病毒后需要较长的时间才出现症状，并且有的病毒并不能使寄主植物表现出明显的可见症状，因此需要更敏感的测定方法。

2. 指示植物法

当原始寄主的症状不明显时，可用指示植物法。指示植物是指对某种或几种病毒及类似病原物或株系具有敏感反应并表现出明显症状的植物，也就是说，指示植物比原始寄主植物更容易表现出症状。由于病毒的寄生范围不同，所以应根据不同的病毒选择适合的指示植物。指示植物有草本和木本，对于草本指示植物，一般用汁液涂抹鉴定，木本指示植物由于采用汁液接种比较困难，通常采用嫁接接种的方法。

3. 抗血清鉴定法

植物病毒是由核酸和蛋白质组成的核蛋白复合体，是一种抗原（Ag），注射到动物体内后会产生相应抗体（Ab），抗体主要存在于血清之中，含有抗体的血清称为抗血清。由于不同病毒会产生特异性不同的抗血清，用特定病毒的抗血清来鉴定该种病毒，具有高度专一性，而且快速，几分钟至几小时即可完成，方法简便。

抗血清鉴定首先要进行抗原的制备，即病叶的研磨、过滤、澄清和纯化等，以获得较高纯度的毒源，然后将毒源注射到免疫动物中，然后采血分离出抗血清，分装到小玻璃瓶中，与甘油等比例混合后置于 −20℃冰箱中贮存待用。植物病毒鉴定时，把稀释的抗血清与待鉴定植株的汁液在小试管内充分混合，然后通过观察抗体抗原凝聚反应的有无，即是否形成可见沉淀来鉴定待测植株是否携带有病毒。这种方法特异性高，检测速度快，是目前植物病毒鉴定使用最广泛的方法之一。

4. 酶联免疫吸附法（ELISA）

ELISA 是把抗原、抗体的免疫反应和酶的高效催化反应结合起来，形成酶标记抗原（抗体）复合物，当这些酶标记抗原（抗体）复合物遇到酶的底物时，结合在免疫复合物上的酶即会催化无色的底物水解，降解形成有色产物或沉淀物，如抗原量多，结合上的酶标记抗体也多，则降解底物量大而颜色深；反之抗原量少则颜色浅，根据有色产物的有无及其浓度，即可推测被检抗原是否存在及其数量，从而达到定性或定量的目的。标记抗原或抗体常见的酶有辣根过氧化物酶和碱性磷酸酶。该方法具有灵敏度高、特异性强和操作简便等优点，适合于大量田间样品的检测，目前已广泛应用于植物病毒的诊断与测定。

5. 分子生物学鉴定法

分子生物学鉴定法是通过检测病毒核酸来证实病毒的存在。其灵敏度比抗血清高，血清学方法检测病毒的基础是利用病毒外壳蛋白的抗原性，然而，有些植物病毒在某些情况下缺乏外壳蛋白，类病毒等本身则没有外壳蛋白，且目前很多种植物病毒未能制备出特异抗血清，因此血清学检测方法在应用范围上有很大的局限性。而正在进行广泛应用的分子生物学技术则克服了血清学技术的局限性。与血清学技术相比，其灵敏度更高、特异性更强、适用范围更广，并且更加快速、简便。在植物病毒检测与鉴定方面应用的分子生物学技术主要包括反转录 PCR（RT-PCR）技术、核酸斑点杂交技术、聚合酶链式反应（PCR）技术等。

6. 电子显微镜观察法

采用电子显微镜既可以直接观察病毒，检查有无病毒存在，又能够通过观察病毒生物大分子的亚基单位，了解病毒颗粒的大小、形状和结构，尤其是对于一些未知病毒和难以提纯的病毒材料都可用此方法解决，电子显微镜观察法在病毒检测中有着特殊的重要性和不可取代的作用。但是由于电子穿透力弱，样品必须制备成超薄切片，技术难度较高，并且电子显微镜价格昂贵，操作技术不易掌握，在实际的检测中应用较少。

四、无病毒苗的保存

通过不同脱毒方法所获得的脱毒植株，经鉴定确系无特定病毒者，即无病毒原种。无病毒植株并不是有额外的抗病性，它们有可能很快又被重新感染，所以一旦培育得到无病毒苗，就应做好保存，这些原种或原种材料保管得好，可保存利用 5 ～ 10 年。

1. 隔离保存

避免脱毒苗再次感染病毒，脱毒苗须隔离保存，最好将无病毒母本园建立在相对隔离的山上，通常无病毒苗应种植在 300 目（网眼为 0.04 ～ 0.05mm 大小的网纱）的隔虫网内。

栽培用的土壤也应进行消毒，周围环境也要整洁，并应及时喷施农药防治虫害，以保证植物材料在与病毒严密隔离的条件下栽培。

2. 离体保存

将无病毒苗原种的器官或幼小植株接种到培养基上，低温下离体保存，是长期保存无病毒苗及其他优良种质的方法。

（1）低温保存　茎尖或小植株接种到培养基上，置于低温（1～9℃）、低光照下保存。低温下材料生长极缓慢，只需半年或一年更换培养基，此法也叫最小生长法。

（2）超低温保存　用液氮（-196℃）保存植物材料的方法称为冷冻保存。常用冷冻保护剂有二甲基亚砜（DMSO）、甘油、脯氨酸、可溶性糖、聚乙二醇（PEG）等，以 DMSO（5%～8%）效果最好。培养基中添加 DMSO、山梨糖醇、脱落酸（ABA）或提高蔗糖浓度，将材料置于其中进行短时期预培养，加防冻剂封口后，逐步冷却后于放入液氮中冻存。

任务九　菊花的微茎尖培养脱毒

【任务目的】

1. 学会菊花微茎尖剥离技术。

2. 学会菊花微茎尖离体培养的技术。

【任务准备】

超净工作台、解剖镜、带毫米的钢尺、接种消毒器、解剖针、手术刀、镊子、酒精灯、75% 的酒精棉球、1000mL 烧杯、培养瓶、记号笔、无菌瓶、接种工具、基质（珍珠岩、泥炭土、蛭石、河沙等）、育苗盘、塑料花盆等。

菊花新梢顶端、无菌水、滤纸、75% 乙醇、2% 的次氯酸钠、已灭菌培养基（诱导及增殖培养基：MS+BA 0.2mg/L+CM 100mL/L；生根培养基：1/2 MS+NAA 0.2mg/L）。

【任务实施】

1. 外植体选择与处理

从塑料大棚里剪取菊花新梢顶端 1～2cm 的梢尖，去掉幼叶，在超净工作台上，先用 75% 的乙醇溶液浸泡消毒 10s，再用 2% 的次氯酸钠灭菌 20min，用无菌水漂洗 4 次，备用。

2. 器械灭菌

将解剖镜置于超净工作台，先用酒精棉球擦拭消毒，并开启超净工作台的紫外线消毒 30min。其他相关工具也提前进行灭菌。

3. 茎尖剥离

在解剖镜上放置灭菌好的滤纸，倒入适量无菌水，放上钢尺，调好解剖镜，将备用的菊花新梢顶端放置在体视镜下，认真观察植物茎尖结构，便于茎尖剥离操作。将解剖针针尖沿芽基中心插入，但不触碰芽的顶端，然后，置于双筒解剖镜下，左手握住解剖针把柄，右手握住解剖刀柄，层层剥离叶片使芽体暴露，直至只剩下 2～3 个幼小的叶原基，生长点露出。用锋利的解剖刀切下茎尖（0.3～0.5mm）或生长点，接种于诱导培养基上，为防止病毒通过解剖刀污染，应每切一次就灼烧灭菌一次。

4. 诱导培养

置于温度（25±2）℃、光照强度 2500lx、光周期 10h/d 条件下继续诱导培养，期间转 2 次诱导培养基。

5. 继代培养

当诱导的芽团达 1cm 左右时，将其分割成含 3～5 个小芽的芽块转接于继代增殖培养基上进行继代培养，每月继代 1 次。

6. 生根培养

剪取 2～3cm 长的无根幼苗，插于生根培养基上诱导生根。

7. 驯化移栽

试管苗长出完整的根系，并具 6～8 片叶时，移入日光温室进行驯化，不开瓶炼苗 7～10d，开瓶炼苗 1～2d，然后从试管里取出，洗去培养基，移栽于已灭菌的蛭石等基质，覆膜保湿，1 周后逐渐通风直至揭去覆膜。当长到 10cm 左右时，即可移入塑料花盆进行盆栽。

【结果与评价】

将结果与记录填入工作手册中，并完成任务评价。

结果与评价表单

项目八 植物种质资源离体保存

 知识目标

1. 掌握植物种质资源离体保存的方法。
2. 学会低温和超低温保存的操作技术。

项目导入

20 世纪以来，随着新品种大量推广、人口增长、环境变化、滥伐森林和耕地沙漠化，以及经济建设等方面的原因，植物种质资源的多样性由于自然灾害和人类活动受到严重影

响，大量适应性差的地方栽培品种被淘汰，植物种质资源日益匮乏。有没有更好的方法不受外界气候环境的影响方便保存种源呢？

必备知识

种质资源保存是利用天然或人工创造的适宜环境条件保存植物种质，使其每个个体所含有的遗传物质都能保持其遗传完整性和潜在再生能力的储存方法。植物种质资源保存的方式有原生境保存和非原生境保存，后者包括异地保存、种质库保存、离体保存等。种质资源的离体保存是指对离体培养的植株器官、组织细胞或原生质体等材料，采用延缓或停止生长的方法使之保存，需要时可重新恢复生长和再生的方法。目前，离体保存方法有低温保存和超低温保存。

一、低温保存

低温保存技术是植物种质资源离体保存中限制生长保存的方法之一，降低培养温度实现植物缓慢生长，贮存温度条件为4℃左右，以达到延长保存的目的。植物低温保存技术经过几十年的发展，技术上较完善，存活率较高，是最简单而有效的方法，在植物种质资源保存中已被广泛应用，作为植物种质资源的短期和中期保存方法。

低温保存的基本措施是控制保存材料所处的温度和光照。在一定温度范围内，材料的寿命随保存温度的降低而延长，但要注意各种植物对低温忍受程度的差异。0 ~ 6℃适用于保存温带起源植物的试管苗，15 ~ 20℃可用于热带植物试管苗的保存，在这种条件下，种质材料继代周期可延长到半年至一年或更长。除温度控制外，适当缩短光照时间，降低光照强度，也能减缓材料的生长速度，延长保存时间。但此时要注意防止光照过弱，使材料生长纤细，造成弱苗，以致到保存的后期材料不能维持自身生长，这样会不利于材料的低温保存。

低温保存的离体植物每年更换1 ~ 2次新鲜培养基，方法简单，存活率高。另外，在低温保存时还可辅以改变培养基成分和改变培养条件等措施延长保存时间，如降低无机盐浓度、提高渗透压、加植物生长延缓剂或抑制剂、降低氧分压等。

二、超低温保存

超低温保存是将离体植物材料经过一定方法处理后，在超低温（-196℃液氮）条件下保存的方法。在这种温度条件下，可以使细胞所有的代谢生长及活动都处于停止状态，避免遗传变异的发生，而且也不会导致细胞丧失形态发生潜能，理论上可以无限期保存。离体保存植物种质资源安全、可靠、无病虫危害，尤其适用于无性繁殖的作物。利用超低温保存技术，长期安全保存植物种质资源及建立种质资源离体保存基因库，对植物种质资源的保存和利用具有极其重要的意义。

超低温保存有一套比较复杂的技术程序，基本程序包括培养物的选取、材料预培养、冷冻处理、冷冻贮存、解冻复苏、再培养等（图8-1）。

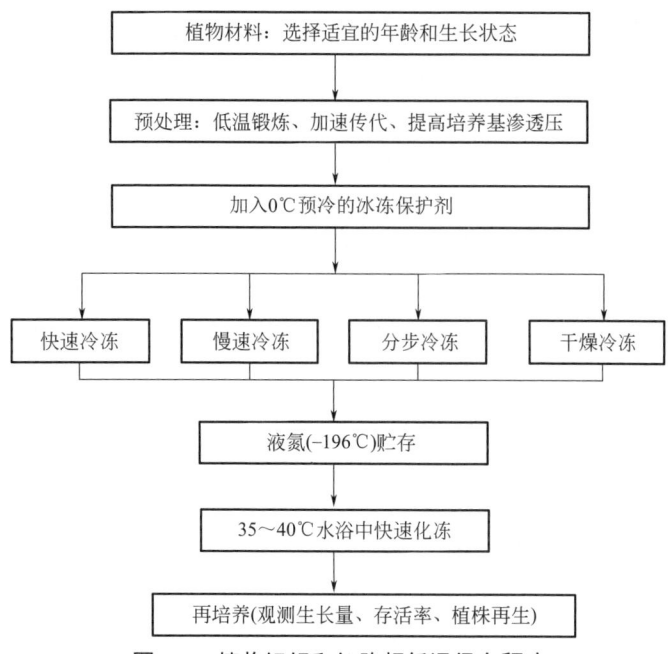

图 8-1 植物组织和细胞超低温保存程序

1. 培养物的选取

应选择遗传稳定性好、容易再生和抗冻性强的离体培养物作为保存材料，茎尖、腋芽原基、胚、幼龄植株等培养物细胞体积小、液泡小，含水量低，细胞质较浓，比含有大液泡的愈伤组织细胞更抗冻，因此是理想的保存材料。体细胞、愈伤组织等培养物作为植物种质超低温保存时，常常会表现遗传不稳定、再生能力差等问题，并不是理想的离体种质保存材料。

2. 材料预培养

冷冻前对植物材料进行的预培养，主要是为了减少细胞内自由水含量，增强细胞的抗冻力和提高处理后植物材料的存活率。在预培养基中加入一些诱导抗寒能力提高的物质，如二甲基亚砜（DMSO）、山梨醇和脱落酸等，或直接进行低温（-3～10℃）预处理，再对植物材料进行培养，以提高其存活率。例如，马铃薯的某些品种，为保证其茎尖经液氮冻存后存活率高而稳定，必须在有5%DMSO存在的情况下，将它们预培养48h。

3. 冷冻

迄今采用过的冰冻保护剂有二甲基亚砜（DMSO）、聚乙二醇、甘油及各种糖类等，使用浓度为5%～10%。采用复合冰冻保护剂比单一成分的冰冻保护剂要好。由于材料生理状态的不同和植物种质的差异，同样的冷冻方法会导致不同的效果，而且它是影响超低温保存效果的关键因素之一。冷冻的原则是尽量保持细胞和组织的自然状态，同时又能迅速停止各种酶的活动和细胞的各种生命活动。为此，在冷冻材料的选择、冷冻前的预处理、冷冻防护剂的选择和使用，冷冻程序的选择等方面都有一些值得注意的问题。目前主要有以下四种冷冻方法。

（1）快速冷冻法 将植物材料0℃或者其他预处理温度直接投入液氮。其降温速度在

100℃ /min 以上。在降温冷冻过程中，从 -10 ～ -140℃，是植物体内的水冰晶形成和增长的危险温度区，在 -140℃以下，冰晶不再增长。因此，快速冷冻成功的关键在于利用超速冷冻，使细胞内的水迅速越过冰晶生长的危险温度区，形成"玻璃化"状态。玻璃化状态对细胞结构不会产生破坏作用。采用快速冷冻方法，要求细胞体积小，细胞质浓厚，含水量低、液泡化程度低的材料。例如，高度脱水的种子、花粉、球茎或块根，经过冬季结冰后又充分脱水的抗寒性强的木本植物的枝条或冬芽，以及茎尖分生组织等。

（2）**慢速冷冻法**　本法适宜不抗寒植物。其方法是采用电子计算机控制的程序降温仪，降温速度为 0.1 ～ 10℃ /min，使材料从 0℃降至 -10℃左右，随即浸入液氮，或者以此降温速度降至 -196℃。当温度下降至 -40 ～ -30℃或 -100℃时，平衡一段时间，使细胞内的水有充分的时间不断地转移到细胞外结冰，从而使细胞内的水分减少到最低程度，避免细胞内结冰造成对植物细胞的伤害。慢速冷冻法适用于成熟的、含有大液泡和含水量高的细胞，如悬浮培养中的细胞和愈伤组织等。

（3）**分步冷冻法**　即将待保存的植物组织或细胞在放入液氮前，经过一个短时间的低温锻炼阶段，然后再采用两步冷冻法和逐级冷冻法完成冷冻过程。

①　两步冷冻法。此法是慢速冷冻和快速冷冻的结合。第一步是采用 0.5 ～ 4℃/min 的慢速降温法，使温度从 0℃降至 -50 ～ -30℃；第二步是投入液氮中迅速冷冻。植物材料在第一步冷冻后，必须停留一段时间，使细胞达到适当的保护性脱水，以避免因内部结冰而导致的不可逆伤害。此法适宜保存烟草、胡萝卜、甘蔗、杨树、枣、椰树等植物的悬浮培养细胞和愈伤组织。

②　逐级冷冻法。此法是在程序降温仪或连续降温冷冻设备条件下所采用的一种种质保存方法。它的实施过程是：先制备不同等级温度的溶液，如 -10℃、-15℃、-23℃、-35℃、-40℃等。植物材料经冷冻保护剂在 0℃处理后，逐级通过这些温度。材料在每级温度中停留一定时间（4 ～ 6min），最后浸入液氮。该方法的特点是细胞在解冻后呈现较高活力。

（4）**干燥冷冻法**　将植物材料置于 27 ～ 28℃烘箱内，使其含水量由 72%～ 77%下降到 27%～ 40%后，再浸入液氮，可使植物材料免遭冻死。如果采用真空干燥法进行植物细胞脱水，植物器官经 -196℃冷冻后，存活率会更高。注意不同植物材料和同一植物不同部位其最适脱水程度不同。

4. 贮存

贮存期间应十分注意液氮量的变化，一般说来只要材料能浸泡在液氮中即可，但随着贮存时间的延长，近液氮液体面的温度会发生变化，如长时间不加液氮或不移动液氮容器，则液氮与外界交界处温度会升高，若温度高于 -130℃，细胞内的冰晶就可能生长，细胞生活力会因此而下降。长期完好地在 -196℃下保存材料，所需主要设备是液氮冰箱或液氮贮存罐，将安瓿瓶有序地放在里面，贴上标签和必要的说明（如材料、日期、存放人等），并不时地补充液氮以保持恒温状态。在贮存过程中，经常使用的材料和准备长期贮存不用或专门用做研究贮存时间长短的材料一般应分开存放，以防止过多地让不该暴露的植物材料暴露在周围环境温度中。

5. 解冻

解冻是将液氮中保存的材料取出，使其融化，以便进一步恢复培养。为了保持材料的生活力，需要进行一些特别的操作过程，应采取合适的解冻方法以防止解冻过程中冻害现象发生。目前有快速解冻和慢速解冻两种方法。

（1）**快速解冻法** 把冷冻材料直接投入到 37 ～ 40℃的温水中，解冻速度为 500 ～ 700℃/min。将化冻后的材料转入冰槽中保存，直到进行重新培养或生活力测定时，才能从冰槽中取出。注意，在解冻时，材料再次结冰的危险温度区域是 -50 ～ -10℃。采用本法可使植物材料尽快越过这一危险区域，使细胞免受损伤。

（2）**慢速解冻法** 将冷冻材料置于 0℃低温下，然后逐渐升至室温，让其慢慢解冻。慢速解冻法主要适合细胞含水较低的植物材料。例如木本植物的冬芽，经冬季低温锻炼及慢速冷冻处理后，细胞内的水已最大限度地流到细胞外结冰。采用慢速解冻，可使水分缓慢地流回至细胞内，避免强烈渗透引起对细胞膜的破坏。解冻操作中还应尽量避免对冷冻组织的机械损伤，一旦试管内的冰融解，就应该将试管转移至 20℃的水浴中，并尽快进行洗涤和再培养，避免热伤害发生。

6. 再培养

由于冷冻防护剂对植物细胞可能有一定的毒害作用，如二甲基亚砜就有轻度的毒害作用，因此在培养前应把已解冻的材料清洗若干次，以避免毒害作用的发生。然后将已解冻的植物材料重新置于培养基上使其恢复生长，同时为避免质壁分离复原过程中对植物细胞造成伤害，冷冻防护剂的清除要逐步进行。但不同的植物材料对冷冻防护剂的反应不一，有些植物材料在带有少量防护剂时仍生长良好，例如，在胡萝卜体细胞胚和试管苗中就没有必要逐渐稀释，玉米细胞重新培养时带有少量冷冻防护剂比完成清除防护剂的存活率要高。其可能的原因是冲洗时细胞在冷冻过程中渗漏出来的某些重要物质也被冲洗掉了的缘故。冲洗防护剂的方法是用准备使用的液体培养基逐渐加到解冻的冷冻液中，使冷冻防护剂浓度逐渐降低，然后再更换新的无防护剂的培养基。

此外，再培养的早期一般都有一个生长停滞期。停滞期的出现可能是修复冷冻保存期间细胞结构的损伤，也可能是受残留保护剂的抑制。因此停滞期的长短可能取决于细胞的损伤程度、保护剂的浓度，也可能与植物材料和其基因型有关。

练习与思考

1. 植物种质资源离体保存方法有哪些？各适用于哪些植物？
2. 植物种质资源超低温保存的步骤有哪些？

模块三　生产实践

通过本模块学习，我们将走进生产，走进花卉、林木、药用植物的组培生产技术，积累各种植物的组培方法，学习各种植物组培培养基的配方，生产工艺流程及优化，熟悉组培工厂化育苗技术的主要参数指标，生产方案的制订和规划等。实现知识应用于生产实践、熟练掌握组培技术的能力。

职业与素养目标

1. 在讲述各种优良植物品种性状、药用及观赏等价值过程中培养专业情怀，学习习近平总书记"三农"思想。

2. 在花卉组培技术的学习过程中培养美学素养。

3. 在药用植物优质苗木繁育及药用功效介绍过程中弘扬我国的中医药传统文化，树立文化自信。

4. 在学习组培工厂化生产工艺流程中，融入职业素养和创新思维的培养。

项目九 花卉组织培养

 知识目标

1. 掌握各种花卉的组织培养的方法。
2. 会进行花卉的组培操作技术。

项目导入

随着我国经济高速持续的发展，人们消费水平的逐步提高，花卉业已成为农业的支柱产业之一。采用常规的种子、扦插、嫁接、分株等方法繁殖花卉种苗，已远远不能满足生产的需要。组织培养技术为优质花卉种苗快速繁殖提供了一条经济有效的途径，为花卉生产走上工厂化创造了有利的条件。那么，花卉组织培养技术的优势体现在哪些方面呢？不同类型的花卉组培在方法技术和培养基配方上有什么不同呢？

实践任务

一、菊花组织培养

菊花（*Dendranthema morifolium*）是多年生宿根草本植物，为我国的传统名花，也是世界四大切花之一，全世界普遍栽培的花卉。菊花品种繁多，花色丰富，姿态各异，可用来制作花束、花环等，是优良的观赏盆花，也是秋季花坛花台和组合盆花群的重要素材，具有很高的观赏

微课：菊花组培
工厂化育苗

价值。此外，部分菊花品种可以入药，有清凉解毒、散热解表、清肝明目的功效，可以酿酒、制作菊花茶等。菊花不宜连作，植物病毒较多，花朵质量和数量会逐年下降。因此，生产菊花无病毒优质组培苗，满足大规模种植生产的需求（图 9-1）。

图 9-1 优质菊花组培苗

1. 无菌体系建立

（1）外植体的选择与消毒 选择无病毒、生长健壮的菊花花蕾作为外植体，也可采用茎段或顶芽作为外植体。用清水将花蕾表面彻底冲洗干净，剪去外层的花托，在超净工作台上先用 75% 的乙醇消毒 1min 后，用无菌水冲洗 1 次，再用 0.1% 的次氯酸钠浸泡 18min 后，用无菌水冲洗 4～5 次。

（2）外植体初代培养 外植体消毒完成后，将花蕾接种于诱导培养基 MS+6-BA 1.0mg/L 中诱导丛生芽，花蕾外植体 10d 后开始膨大，20d 左右，花蕾表面从原来的黄绿色变成黄褐色，但是慢慢会从顶上或周围冒出绿色的芽点（图 9-2），诱导期 30～40d，期间转 2 次诱导培养基。培养一段时间后，芽逐渐增多，形成丛芽，丛芽逐渐长大（图9-3）。

图 9-2　花蕾开始冒出绿色芽点

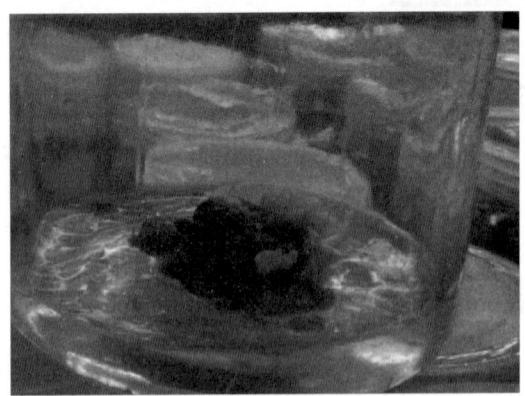
图 9-3　诱导形成丛芽

2. 继代增殖培养

刚刚诱导出的丛芽数量还不多，需要进一步继代培养进行扩繁，继代培养采用丛生芽增殖方式，使用 1/2 MS +0.2mg/L NAA 效果较好，增殖倍数达 6 ～ 7 倍。大致 15d 转瓶一次（图 9-4）。

3. 生根培养

当芽积累到一定的基数，长度 2.5 ～ 3.0cm，具有 3 ～ 4 片叶时，可将大的顶芽切成单株接种到生根培养基 1/2 MS+0.5mg/L NAA+1.0mg/L 活性炭上进行生根培养，光照强度为 3000lx，菊花生根较容易，10d 后即可长出 3 ～ 4 条根，根长 2cm 以上，生根率可达 100%（图 9-5）。

图9-4　继代增殖培养阶段

图9-5　生根培养阶段

4. 培养室环境控制

培养室保持洁净，空气新鲜。温度（24±2）℃，光照强度 2000 ～ 3000lx，光照时间为 10h/d，湿度 40% ～ 50%。

5. 驯化移栽

当试管苗长出 3 ～ 4 条根时，即可驯化移栽。试管苗的移栽成活率与移栽环境和基质有很大关系。对苗高 4cm，4 片以上叶，3 条以上根的健壮增城蜜菊试管苗，先将其移出培养室，置于通风明亮的常温大棚里，炼苗 7d 左右，将试管苗从瓶中移出，用清水洗净根系上的培养基，并用高锰酸钾溶液消毒基质及试管苗，移栽到蛭石：河沙：腐殖土 ＝ 1：2：3 的已消毒基质中，浇足定根水后，及时盖上塑料薄膜保湿，并用 75% 的遮阳网遮阳，待移植苗开始生长并长出新根，逐渐增加光照强度并通风，最后揭去薄膜。待根系长达 3 ～ 5cm 时，可完全撤去遮阳网，让小苗在全光下生长。小苗高达 15cm 左右，根系发达时，即可进行大田定植。

二、白掌组织培养

　　白掌（*Spathiphyllum kochii*）又名白鹤芋、苞叶芋、一帆风顺、和平芋，属天南星科苞叶芋属多年生常绿草本观叶植物。由于白掌花叶兼美，轻盈多姿，生长旺盛，且又耐阴，故深受人们的青睐，常用于室内绿化美化装饰。白掌不仅是优良的观叶植物，同时它也可以过滤空气中的苯、三氯乙烯和甲醛，它的高蒸发速度可以防止鼻黏膜干燥，使患病的可能性大大降低。白掌常用分株繁殖，年繁殖系数低，远不能满足商品化生产的要求，因此大规模生产常采用组织培养法繁殖，增殖迅速，株丛整齐，是种苗生产的最佳途径（图 9-6）。

图 9-6　白掌

1. 外植体的选择与消毒

　　选择生长健壮，无病虫害的白掌为外植体。首先剪去白掌外层的叶片，从基部切取蘖芽，用自来水将芽表面冲洗干净，在超净工作台上用 75% 的乙醇浸泡 30s 后，再用 0.1% 的升汞浸泡 5 ～ 8min，用无菌水冲洗 4 ～ 5 次。将芽接种于诱导培养基 MS+6-BA 3.0 ～ 5.0mg/L+ NAA 0.2 ～ 0.5mg/L 中诱导丛生芽。如图 9-7 和图 9-8

图 9-7　外植体的预处理

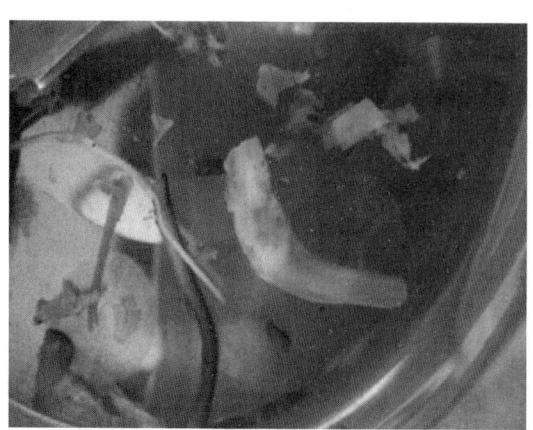

图 9-8　已经处理好的外植体

2. 诱导与增殖培养

刚刚诱导出的不定芽数量不多，需要进一步继代培养进行扩繁。在不定芽诱导培养基上培养 30 ～ 45d 后，当芽体长到 1.5 ～ 2cm 时，接入增殖培养基中，继代培养采用丛生芽增殖方式，培养基为 MS+6-BA 2 ～ 3.0mg/L+NAA 0.1 ～ 0.2mg/L，增殖倍数为 4 ～ 5 倍。过程参见图 9-9 及图 9-10。

图 9-9　外植体接种及诱导

图 9-10　增殖培养阶段

3. 生根培养

当材料增殖到一定数量后，进入到生根培养阶段。将长到 2.5 ～ 3.0cm，具有 3 ～ 4 片叶的单芽切下，接种在 1/2 MS+IBA 1.5 ～ 2.5mg/L + 活性炭 1g/L 生根培养基上进行生根培养，大约 15d 后开始生根。

4. 培养室环境控制

培养室保持洁净，空气新鲜。温度（25±2）℃，光照强度 2000 ～ 3000lx，光照时间为 10 h/d，湿度 40% ～ 50%。

5. 驯化移栽

试管苗的移栽成活率与移栽环境和基质有很大关系。生根培养 30d 后，根系长到 2 ～ 3cm 长、苗高 4cm、4 片以上叶时，可以将白掌组培苗放置在环境良好的温室大棚中进行驯化，驯化的时间一般为 7d 左右。注意保持足够的湿度，驯化后将试管苗从瓶中移出，用清水洗净根系上的培养基，进行移栽，移栽基质为泥炭土：珍珠岩 =7 ：3。

三、红掌组织培养

红掌（*Anthurium andraeanum Linden*）即安祖花（图 9-11），是天南星科花烛属多年生附生常绿草本花卉，其株高可达 1m，节间较短；叶自根茎抽出，具长柄，单生，长圆状心形或卵圆形，鲜绿色，有光泽；花葶自叶腋抽出，其花序为肉穗花序，具有红色、粉红色、白色及五彩色的蜡质佛焰苞，终年开花不断，犹如灯台上点燃的蜡烛，既观叶又赏花，被赋予"富贵、发达"之意，又象征"热情、热心与热血"，是当前国际流行的名贵盆花、切花。

微课：红掌组培

红掌传统的繁殖主要依靠分株繁殖，繁殖系数低，难以满足工厂化生产，且长期的无性繁殖会造成病毒积累，导致种性退化，花的商品质量下降。

图 9-11 红掌

1. 外植体的选择与消毒

选择品种纯正、花大色艳的单株，刚展开的幼嫩叶片、叶柄、茎尖或带腋芽的茎段均可作为外植体，通常采用刚展开的幼嫩叶片作为外植体效果最好。在无菌条件下，先用 70% 乙醇消毒 30s，再在 0.1% 升汞溶液中浸泡 8 ～ 10min，无菌水漂洗 5 ～ 6 次，将叶片切成大约 1.0cm^2 的小方块，接入诱导培养基 MS+6-BA 1.0 ～ 1.5mg/L+NAA 0.3 ～ 0.5mg/L中，暗培养 30 ～ 60d。

2. 诱导与增殖培养

经过 60d 左右的诱导培养时间开始出现叶片卷曲的现象，红掌叶片不断卷曲、膨大，随后在叶片边缘逐渐形成愈伤组织，不断增大形成愈伤组织块，并会进一步冒出芽点。此时诱导出的不定芽数量还不多，需进一步进行增殖扩繁，继代培养采用丛生芽增殖方式，培养基为 MS+6-BA 0.5 ～ 1.0mg/L+NAA 0.1 ～ 0.3mg/L，研究表明，椰子汁对继代增殖有较好的促进作用。而且继代培养中，采用浅层液体静置培养，其增殖率远远高于固体培养，且生长周期缩短，成本降低。增殖倍数为 4 ～ 5 倍。

3. 生根培养

当材料增殖到一定数量后，进入到生根培养阶段，一部分继续进行增殖，大部分进行生根，生根培养时，将长到 1.5～2.0cm 的单芽切下，接种于 1/2 MS+NAA 0.2～0.5mg/L 生根培养基上进行生根培养，30d 后即可长出 3～4 条根。

4. 驯化移植

当试管苗长到 3～4 条根时，即可驯化移栽。试管苗的移栽成活率与移栽环境和基质有很大关系。对苗高 3cm、4 片以上叶、3 条以上根的健壮试管苗，先将其移出培养室，置于大棚中，闭瓶炼苗 7d 左右，用清水洗净根系上的培养基，消毒后进行移栽，移栽基质为移栽基质为泥炭土：珍珠岩 =7：3。

四、月季组织培养

月季（图 9-12）（*Rosa chinensis*）为蔷薇科蔷薇属常绿或半常绿直立灌木，每年可多次开花。月季不仅是我国十大名花之一，素有"花中皇后"之美誉，同时也是世界四大切花之首，是国际市场上非常流行的切花种类。

月季的类型多样，品种繁多，近百年来累积的栽培品种数以万计，而且每年都有新品种不断被选育出来。月季的用途也很广泛，除用香水月季作切花外，用藤本月季布置长廊、拱门，灌丛月季作绿篱，聚花月季布置花坛，微型月季作盆花等。现在，许多国家都在用组织培养技术来繁殖月季的优良品种，加速月季品种的更新换代，迅速普及名优品种。

1. 外植体的选择与消毒

月季在春天芽的萌发及生长能力均较强，此时进行组培容易获得成功。在无病虫害的优良品种单株上选取生长健壮的当年生枝条，取其饱满的芽作为外植体。因枝条基部的侧芽萌发能力较差，取中上部的芽效果最好。将材料去掉叶片，在自来水下冲洗干净，然后在超净工作台上用 75% 乙醇消毒 30s 后，加入 0.1% 升汞溶液消毒 8～10min，再用无菌水中清洗 4～6 次。取出用无菌滤纸吸干水分，切成 1～2cm 带节的枝段，接入诱导培养基中进行诱导培养。

2. 诱导与增殖培养

在 MS+6-BA 0.5～1.0mg/L 诱导培养基上，接种 7d 后芽开始萌发，20d 后长至 1～2cm。萌发的芽会不断长高和长多并形成丛芽，接着进行继代培养。转接时，把长高的芽切成小段，或将大丛芽切成小丛，转入 2/3 MS+6-BA 0.5～1.0mg/L+NAA 0.1～0.2 mg/L 继代培养基中，每隔 20～25d 继代一次。待材料增殖到一定数量时，可以根据生产计划保留一定的材料作为繁殖基数，其余的壮芽可用于生根培养。月季外植体的诱导的继代增殖如图 9-13、图 9-14。

3. 生根培养

将长度为 2.0～3.0cm 的单芽，转入 1/2 MS+IBA 0.6～1.0mg/L+NAA 0.1～0.2mg/L+ 活性炭 1g/L 的生根培养基中，10d 后便可生根，当根长至 0.5cm，有 2～4 条根系时即可出瓶移栽，参考图 9-15。

图 9-12　月季

图 9-13　外植体诱导

图 9-14　月季继代增殖阶段

图 9-15　月季生根阶段

4. 驯化移栽

生根培养 15d 后，进入大棚驯化炼苗 7 ～ 10d。这时，可进行试管苗的移栽，将瓶苗取出，洗净根部培养基和消毒后，移栽到经消毒过配比为泥炭土：蛭石 =2 ： 1 基质中。

在进行移栽和管理时，对有根小苗的移栽，要避免根系受伤。对只有根原基的无根小苗，才移出的几天要特别注意基质中的水分管理和空气相对湿度管理（达 85% 以上）。1 周后，根原基生长形成根系，此时新梢也开始生长。在移入基质中以后，要浇足水并用 0.1%多菌灵、甲基托布津等杀菌剂进行喷苗。试管苗移栽 1 周后，可追施一些稀薄的肥水，施用的种类可用复合肥、尿素、饼肥水、磷酸二氢钾、MS 基本培养液或专用苗期肥，也可结合喷药一同进行。在大规模的生产过程中，将小苗移栽在有喷灌设备的温室内，可以有效地控制温度和湿度，提高小苗移栽的成活率。待小苗成活并开始长新梢以后，肥水浓度可适当提高，并去除遮阳网，以使其壮苗和生长。待小苗出瓶后 45 ～ 60d 左右，苗长到5.0 ～ 8.0cm 时，可移入田间或花盆内种植，并按常规种苗进行水肥的管理。

项目十　林木组织培养　

 知识目标

认识林木组织培养技术的特点和生产工艺流程，能根据不同林木种类设计培养基配方，掌握林木组织培养操作技术。

项目导入

在植物组织培养中，木本植物、藤本植物、棕榈科植物和草本植物在这四大类植物中哪些容易组培成功？

实践任务

一般说来，植物组织培养技术在植物类别上，普遍的难易程度依次为棕榈科植物、藤本植物、木本植物、草本植物。同类植物的组织培养技术有某些相似性，因此在培养基的设计上有一定的共性，利用这些规律可以较好地撰写组培方案。林木属于木本植物中的一类，可依据木本植物组织培养技术特点进行培养基的设计和工厂化育苗生产。

一、樱花组织培养

樱花（*Prunus serrulata*）是蔷薇科樱属植物的统称。樱花品种相当繁多，有300种以上。樱花为落叶乔木，原产于北半球温带环喜马拉雅山地区，世界各地都有生长，在日本较多。花色多为白色、粉红色，花期一般在3、4月份，花色幽香艳丽，属于重要的观花树种。樱花可分单瓣和复瓣两类，单瓣类能开花结果，复瓣类多半不结果。育种驯化后，

微课：樱花组培
工厂化育苗

在南方也能种植与正常开花。樱花可以美化城市，又能改善生态环境，在建设美丽生态环境中发挥了重要作用，苗木需求量大。樱花用常规的种子或扦插繁殖方式较难，现今苗木市场缺口大，这意味着樱花的组培快繁技术具有重要的意义。

1. 无菌繁殖体系建立

（1）外植体的选择与消毒 在4月下旬至5月初，选择生长健壮、无病虫害的优良单株新萌发半木质化樱花为外植体材料，剪去叶片，用75%的乙醇溶液抹擦表面，将枝条剪成6～8cm长的枝段，放入无菌瓶中。在超净工作台上进行无菌操作：先用75%乙醇溶液浸泡60s，然后用0.1%升汞溶液处理5～10min，再用无菌水冲洗4～6遍，剪成带有2个腋芽的小段，放在无菌滤纸上吸干水分，接种到不定芽诱导培养基：2/3 MS+6-BA 0.2～0.5mg/L+NAA 0.05～0.1mg/L上，诱导叶芽萌发。

（2）初代培养 外植体进行初代培养，大约30～40d，期间转2次诱导培养基。转接后，叶芽萌发长至2～3cm，转入丛生芽诱导培养基：2/3 MS+6-BA 0.5～1.0mg/L+NAA 0.1～0.2mg/L进行初代培养，培养50～60d左右形成丛生芽。初代培养一定时段后即转入继代增殖阶段。

2. 继代增殖培养

将丛生芽分割，反复转接进增殖培养基：2/3 MS+6-BA 0.5～1.0mg/L+NAA 0.1～0.2mg/L进行继代增殖培养。继代增殖培养周期为25～30d，增殖系数一般为3～4。在继代培养中，培养物里的6-BA存在一定的累积效应。因此，随继代次数的增加，应逐渐减少培养基里的6-BA用量。

3. 生根培养

当芽苗增殖到一定的数量后，可将丛生芽分割成单芽，将长 2cm 以上的芽苗转入 1/2 MS+IBA 0.5 ～ 1.0mg/L+ 活性炭 1.0mg/L 的生根培养基诱导生根，对不足 2cm 的小苗或小芽丛转入继代增殖培养基继续增殖培养。无根苗转入生根培养基后，一般 10d 左右开始生根，30 ～ 40d 当试管苗长高至 5cm 左右，并有数条根时，即可进行炼苗。

4. 培养室环境控制

培养室保持洁净，空气新鲜。温度（24±2）℃，光照强度 2000 ～ 3000lx，光照时间为 10h/d，湿度 40% ～ 50%。

5. 试管苗驯化移植

将培养瓶移至炼苗室，避免阳光直射，炼苗 7d 左右，然后松开瓶盖透气 1 ～ 2d，使瓶内外的湿度较为一致。移栽时，小心地从瓶内取出试管苗，放在盛有水的塑料盆里洗净根部的培养基并消毒，并用高锰酸钾消毒试管苗后，将它们移栽到蛭石：河沙：腐殖土＝1：2：3 的已消毒基质中，浇足定根水后，及时盖上塑料薄膜保湿，并用 75% 的遮阳网遮阳，待移植苗开始生长并长出新根，逐渐增加光照强度并通风，最后揭去薄膜。待根系长达 3 ～ 5cm 时，可完全撤去遮阳网，让小苗在全光下生长。小苗高达 15cm 左右，根系发达时，即可进行大田定植。

二、桉树组织培养

桉树为桃金娘科桉属植物的总称，是热带、亚热带的重要造林树种，是优良的用材林、经济林和防护林树种。桉树适用性强，生长快、干形好、用途广。桉树可用于制浆造纸、制造人造板，还可以生产桉叶油、桉多酚等林副产品。速生丰产，特别是幼林期生长快，这就大大地缩短了生产周期，从而可获得较高的经济效益；抗逆性强，种类繁多，既有耐热树种，也有耐寒树种，可在不同气候带栽植；病虫害少，耐瘠薄。

桉属树种是异花授粉的多年生木本植物，种间天然杂交现象非常频繁，实生苗后代性状严重分离。因此，用有性繁殖的方法很难保持优良种树的特性。同时，又由于桉树的成年树插穗生根困难，采用扦插、压条等传统的无性繁殖方法繁殖速度缓慢，远远不能满足生产上大面积种植对种苗的需求。因此，桉树的组培快繁技术在种苗生产上具有重要的应用价值。

1. 无菌繁殖体系建立

（1）外植体的选择与消毒　选择优良单株基部半木质萌芽条的节段和顶芽作外植体，首先去除叶片，用 75% 乙醇抹擦其表面，在超净工作台上进行无菌操作：75% 乙醇消毒 30s，再用 0.1% 升汞消毒 5 ～ 10min，用无菌水冲洗 4 ～ 5 次，放在无菌滤纸上吸干水分，剪成带有 2 个腋芽的小段，接种到不定芽诱导培养基（1/2 MS）上，诱导叶芽萌发。

也可以用种子经无菌萌发获得无菌实生苗，再以幼苗节段和顶芽做无菌繁殖体。用种子经无菌发芽获得无菌材料，可用纱布将种子包裹好并浸于冷开水中 10min，然后用 70% 乙醇消毒 30s，再用 0.1% 升汞消毒 10 ～ 15min，用无菌水冲洗 4 ～ 5 次，种子萌发培养基

（1/2 MS）上。

（2）**初代培养**　在 2/3 MS+6-BA 0.5 ～ 1.0mg/L+IBA 0.1 ～ 0.2mg/L 初代培养基上，经30d 左右培养，每个外植体可形成一个或多个无菌芽。赤桉种子接种 4 ～ 6d 即可萌发，至培养 20d 时，苗高可达 4cm 以上，此时可用于切割和继代增殖。

2. 继代增殖培养

将较大的芽苗切割成 1cm 长左右，带 1 ～ 2 个叶芽的节段，或将密集的小丛芽分割为单株或小丛芽，转接到 MS+6-BA 0.2 ～ 0.5mg/L+NAA 0.05 ～ 0.10mg/L 继代培养基上以促进培养物的腋芽萌发。经 20d 左右培养，每一个被转接的材料可萌发出大量丛生芽。在最初的几次继代培养中，增殖的倍数较低，随着继代次数的增加，增殖的倍数也逐渐增加。

3. 生根培养

把继代培养过程中获得的丛芽中长度 1cm 以上的单芽切出，转接到 1/2 MS+IBA 0.6 ～ 1.0mg/L+ 活性炭 1g/L 的生根培养基上，经 20d 左右培养，即可获得可供出瓶移栽的完整植株。

4. 培养室环境控制

培养室保持洁净，空气新鲜。温度（27±2）℃，光照强度 3000 ～ 4000lx，光照时间为 12h/d，湿度 40% ～ 50%。

5. 试管苗驯化移植

生根接种后隔天可放入炼苗塑料大棚进行生根炼苗，20d 左右生根长至 3 ～ 4cm 即可出瓶移栽，移栽前 2 ～ 3d 揭开瓶盖。移栽时向瓶内倒入一定量清水并摇动几下以松动培养基，然后小心将幼苗取出放置在盛有清水的盆中，将根黏附的培养基彻底洗净和消毒，然后将试管苗移栽于苗床或营养袋中，苗床或营养袋中的土壤以沙质壤土为好。移栽后浇透水，并设塑料拱棚保湿，相对湿度在 85% 以上，温度保持 25 ～ 30℃，用 70% 的遮阳网搭荫棚，避免直射阳光暴晒，并防止膜罩内温度过高，移栽后 15 ～ 20d 逐渐减低湿度到自然条件。幼苗成活后即可把荫棚拆掉，此阶段要加强水肥管理和病、虫、草害防治。经 2 ～ 3 个月精细管理，当苗高 15 ～ 20cm 时即可用于造林。

三、泡桐组织培养

泡桐（*Paulownia fortunei*）为玄参科泡桐属，原产于我国，主要分布于北纬 32°的长江中下游以南和台湾等地。目前，适宜栽培的地区已向北推移到黄河下游以南的山东泰安、河南郑州，北京地区也有栽培，均能生长良好。泡桐春季开花，先花后叶，花色有白色、紫色，具有很好的观赏价值，也是平原绿化、营建农田防护林、林粮间作等生态绿化的重要树种，对改善生态环境起到积极的作用。另外，泡桐更是一种新型的良好造纸及木材树种，具有很强的速生性，因木材纹理通直，结构均匀，不易开裂，不易燃烧，不易变形，是做建筑、家具的好材料，也是造纸的优良原料，用途广泛。因此，用组培技术大量培育优良泡桐种苗具

微课：泡桐组培
工厂化育苗

有重要的意义。

1. 外植体的选择与消毒

选择生长健壮、无病虫害的新萌半木质化枝条为材料，去除叶片，用75%乙醇擦抹其表面，在超净工作台上进行无菌操作：75%乙醇消毒50s，再用0.1%升汞消毒5～10min，用无菌水冲洗4～5次，接种于不定芽诱导培养基：2/3 MS+6-BA 0.2～0.5mg/L+NAA 0.05～0.1mg/L上，诱导叶芽萌发。

2. 初代和继代增殖培养

外植体在不定芽诱导培养基上经2次共30d左右转接后，叶芽萌发长至1～2cm左右，把新萌发的新芽切出，转到增殖培养基2/3 MS+6-BA 0.5～1.0mg/L+0.1mg/L上，培养7d后，基部稍有膨大，芽继续长高，20d左右，芽高4～6cm。这时，继续进行继代转接，转接时把芽苗切成带1～2个叶芽的茎段，培养基不变，每瓶接种6～8段。这样，反复转接，转接周期20～25d，不断进行增殖。

3. 炼苗生根培养

当芽苗增殖到一定的数量后，即可进行生根。生根接种时，把芽苗切成带1个叶芽的茎段或顶芽，接入1/2 MS+IBA 0.5～0.8mg/L+活性炭1.0mg/L的生根培养基进行生根培养，每瓶接种8段。生根接种后隔天可放入炼苗塑料大棚进行生根炼苗，5～8d左右后开始生根，15d左右根长至1～2cm，形成良好根系，即可出瓶移栽。

4. 培养室环境控制

培养室保持洁净，空气新鲜。温度（25±2）℃，光照强度2500～3500lx，光照时间为10h/d，湿度40%～50%。

5. 试管苗驯化移植

试管苗移栽前炼苗7d，炼苗第一天松开瓶盖透气1～2d，使瓶内外的湿度比较接近。移栽时，往瓶内倒入少量水，并轻轻摇动，使根系与培养基分离，然后小心地从瓶内取出试管苗，放在塑料盆里洗净根部的培养基并消毒，移栽到腐殖土：河沙＝3：2的基质中，浇足定根水后，及时盖上塑料薄膜保湿，并用75%的遮阳网遮阳7d，逐渐增加光照强度并通风7～10d后，幼苗长出新根，此时逐渐揭去薄膜。待新根系形成，根长达3～5cm时，可完全撤去遮阳网，让小苗在全光下生长。当小苗高达15cm左右，根系发达时，即可进行大田定植。

四、海南龙血树组织培养

海南龙血树（*Dracaena cambodiana*）又名小花龙血树，也称山海带，属百合科龙血树属，在中国广东、海南岛等地区均有栽培，越南、柬埔寨也有分布。小乔木，叶绿色，带状，密生于茎；适应性强，不怕阳光照射又耐阴，耐干旱瘠薄；树形美观，幼期叶洒脱翠绿，整个株形宛若喷泉，既可用于室内盆栽，又可用于园林绿化。该植物能提取名贵的中药血竭，主治跌打损伤、金疮出血、五脏邪气可以止血止痛。海南龙血树已被国家列为三级保护植物，是具有开发利用前景的室内盆栽、园林绿化及药用植物。繁殖方法有扦插、播种和组织培养。扦插繁殖速度慢，种子较难收获，种子苗容易分化，难以满足市场的需求，因此，用组织培养快繁的方式能解决以上问题。

1. 无菌繁殖体系建立

（1）外植体材料选择及预处理　选择经选育的优良株系作为外植体材料。取材前 2 个月放入塑料大棚内，并于取材 10d 前开始停止淋水而改用稀释 1000 倍的 70% 甲基托布津可湿性粉剂水溶液每隔 3d 整株连盆土一起淋湿，连续 3 次。取材时，选取正常健壮的植株，去除叶片，用 75% 乙醇抹擦其表面，切成 3.0 ～ 5.0cm 的茎段或顶芽作为下一步外植体消毒用。

（2）无菌材料的获取及丛生芽诱导　将经预处理的材料置于超净工作台上进行以下的无菌操作：第一次消毒用 1g/L 的 $HgCl_2$（升汞）溶液浸 4 ～ 6min，用无菌水洗两次，接着进行第二次消毒，用 1g/L 的 $HgCl_2$ 溶液浸 3 ～ 5min，再用无菌水洗 5 次。将消毒好的材料切成约 1.5 ～ 2.5cm 长的小段接种到 MS+6-BA 3.0 ～ 5.0mg/L+NAA 0.01 ～ 0.5mg/L 的培养基中诱导促发不定芽的形成。

2. 继代增殖和壮芽培养

切取经丛生芽诱导培养的芽作材料进行继代增殖，培养基为 MS+6-BA 1.5 ～ 2.5mg/L+NAA 0.01 ～ 0.5mg/L。30d 左右，丛生芽形成，这时，需再次进行转接，转接时把芽丛切成带 3 ～ 5 芽的小芽丛，培养基不变，每瓶接种 4 ～ 6 丛。这样，反复转接，转接周期 30 ～ 40d，不断进行增殖。继代增殖一段时期，材料增殖到一定数量后，一部分材料继续增殖，一部分材料转入壮芽培养基 MS+6-BA 0.2 ～ 0.5mg/L 进行壮芽，壮芽培养 30 ～ 40d 左右，即可以将壮芽培养基中高 3.0cm、4 片叶子以上的芽单个切下接种于诱导不定根的生根培养基进行生根培养，不够规格要求的材料继续进行壮芽或继代增殖。

3. 培养室环境控制

培养室保持洁净，空气新鲜。温度（27±2）℃，光照强度 2000 ～ 3000lx，光照时间为 8h/d，湿度 40% ～ 50%。

4. 炼苗及生根培养

在生产上，当进入生根阶段时，把单芽接种到 1/2 MS+NAA 0.2mg/L 的生根培养基后，于第二天放在遮阳的温室大棚中同时进行生根及炼苗，经过 13d 后芽开始生根，30d 后大多数能形成良好根系，此时试管苗高长至 4cm 以上，即可进行移植。整个生根的过程，也就是炼苗的过程。这样可以节省生产工艺流程，节约生产成本。

5. 试管苗移植及栽培管理

试管苗移栽时，往瓶内倒入少量水，并轻轻摇动，使根系与培养基分离，然后小心地从瓶内取出试管苗，放在塑料盆里洗净根部的培养基，然后种植在装好基质的育苗筛上并盖上塑料盖保湿，3d 后逐渐打开塑料盖，7d 后把塑料盖完全打开。移栽基质选用泥炭土、珍珠岩和椰糠混合，移栽前一天，基质用 2‰ 高锰酸钾溶液进行消毒。

种植后 1 ～ 2d 喷急救回生丹一次，以后每周喷多菌灵或甲基托布津或急救回生丹和

1/2 MS 无机成分溶液或"花多多"一次，每天根据天气及基质干湿情况进行喷水，注意基质不能过湿，特别是冬季和早春，否则容易引起烂根而死亡，影响移栽成活率。60d 后可出圃销售或移栽到花盆种植。

五、互叶白千层组织培养

互叶白千层是桃金娘科白千层属植物，灌木；树皮灰白色，厚而松软，呈薄层片状剥落；小枝圆柱形。叶互生，披针形。花无梗，密集成顶生的穗状花序。蒴果半球形，直径 3 ～ 4mm；种子倒卵或近三角形，长约 1mm。花期每年多次。

原产于澳大利亚，南纬 23.5°沿海地区及其北方领域的北部等地区。中国海南、广东、广西、重庆等地有栽培。互叶白千层属阳性树种，喜温暖，但能耐短期 0℃低温，对土壤要求不高，能在瘠薄的土壤上生长，水肥条件好的立地生长迅速。

互叶白千层枝叶浓密，是优美的庭院树、行道树和防风树，宜种于高速公路中央分隔带、下边坡、立交环岛和服务区、管理区等处。互叶白千层还是经济价值很高的植物，其新鲜枝叶可提取精油。

1. 无菌繁殖体系建立

（1）外植体材料选择与外植体消毒 参照精油质量指标选择无性系。选取无病虫害且经过测定的单株，在连续 3d 晴好天气后，采集其萌芽条或嫁接苗的当年生嫩枝作为外植体材料。采用超声波清洗仪，用 0.2% 灭菌净处理外植体 10 ～ 15min，并用无菌水清洗 2 次；再在无菌条件下，用每 100mL 添加 1 滴吐温 -80 的 0.1%HgCl$_2$ 溶液浸没外植体材料，轻微摇动 3 ～ 5min 后，用无菌水冲洗 5 次。

（2）不定芽诱导及初代培养 在无菌环境下，将消毒好的外植体切成 2.0 ～ 2.5cm 长的茎段，接种在 MS+6-BA 1.5 ～ 3.0mg/L+KT 0.5 ～ 1.5mg/L+NAA 0.1 ～ 0.5mg/L 的芽诱导培养基中诱导出芽，每瓶接种 1 段，培养 15 ～ 20d 后，在叶腋处抽生小芽。25d 左右开始有不定芽形成。以后每 30d 一个周期转接一次，在芽诱导培养基连续转接 2 次，进行初代培养。

2. 继代增殖培养

在无菌环境下，切割初代或继代培养诱导的幼芽或丛生芽，制成每丛 3 ～ 4 个芽的小芽丛，每培养瓶接种 6 ～ 8 丛芽方式转接至增殖培养基中，增殖培养基 MS+6-BA 0.5 ～ 1.5mg/L+KT 0.2 ～ 0.5mg/L+NAA 0.05 ～ 0.2mg/L，培养 25 ～ 30d。外植体培养时间超过 3 年，或继代培养 36 ～ 40 代后，更新培养材料。

3. 炼苗生根培养

切割长 1.0 ～ 2.0cm 的继代培养芽，转移至生根培养基中诱导生根。生根培养基为 MS+IBA 0.5 ～ 1.0mg/L+ 活性炭 1g/L，在培养室生根接种后培养 5 ～ 7d，转到炼苗生根培养塑料大棚进行生根炼苗培养。

4. 培养条件

培养室保持洁净，空气新鲜。温度（27±2）℃，光照强度 2000 ～ 3000lx，光照时间为

10h/d，湿度 40% ～ 50%，及时清除污染材料。

5. 试管苗移植管理

炼苗生根培养 10 ～ 12d 左右开始生根，25d 天后大多数能形成良好根系，试管苗高长至 3cm 以上，并有数条根时，即可进行移植。

（1）出瓶清洗　炼苗室芽苗高达 3cm 以上时，选择根系发达、植株挺立、生长健壮的苗木移植出瓶。移植时将瓶苗和培养基同时倒出，用清水洗净培养基，保持幼根完整，不受损伤。

（2）育苗基质与容器　以黄心土为基质，4cm×10cm 的营养袋作容器，或以泥炭土、珍珠岩、椰糠按 4：1：1 比例混合均匀作基质，28 孔育苗穴盘作容器，基质填充入育苗容器孔穴中备用。芽苗定植前两天，用 0.5g/L 的多菌灵溶液淋透育苗基质，完全消毒。

（3）芽苗移植　选择高度超过 3cm 的健康芽苗，洗净后移植到黄心土营养袋或轻基质育苗容器孔穴中，保持根系舒展，培育轻基质容器苗。

（4）容器苗管理　移植后 30d 内，温度控制在 20 ～ 28℃，空气湿度保持在 80% ～ 90%，遮光度稳定在 75%；移植 30d 后，揭去控温、保湿和遮阳设施。待小苗长出新叶后，用每升 1g 复合肥 +1g 尿素 +1g 磷酸二氢钾的水溶液喷施，7d 一次；移植一个月后，用每升 3g 复合肥 +1g 尿素 +1g 磷酸二氢钾水溶液喷施，7 ～ 10d 一次。移苗当天喷防病药剂 1 次，随后每周喷 1 次，共施用 3 ～ 4 次。多菌灵、甲基托布津或百菌清药交替使用，使用浓度按产品说明书执行。移植的试管苗长到 15cm 或以上，生长正常，无病虫害，主干粗壮，即出圃。

六、迷迭香组织培养

迷迭香（*Rosmarinus officinalis*）原产于地中海沿岸，属唇形科常绿植物，叶片为绿色针状叶，具强烈、清澈、有穿透力、清新的草香。花色有蓝、淡紫、粉红色及白色等，亦能散发出浓郁的香味，因此，迷迭香被广泛应用于香水、浴液、化妆品、香皂、空气清新剂、食品调料等。在医学方面，该植物具有催经活血、利胆降压、抗菌定神、抗癌等药理作用。因迷迭香能散发出独特的香味，并具有较高的观赏价值，所以它成为地中海沿岸国家常见的园林绿化栽培植物，其中有一些还是固土护坡、治理水土流失的理想品种。

迷迭香喜温暖、阳光充足的环境；耐旱、抗寒性好，一般气温在 -10℃ 以上能正常越冬，低于此温度会受到一定程度的冻害；不耐碱，轻度碱地上种植生长缓慢，严重全株发黄干枯死亡；不耐涝，雨水过多的月份苗发黄落叶，连续梅雨阴天，苗会死亡。

1. 无菌繁殖体系建立

（1）外植体的选择与消毒　选择生长正常、株形和叶色良好、无病虫害的植株，剪取经过筛选的迷迭香优良单株的枝条，先用 5g/L 的灭菌净溶液用超声波清洗 10min，然后在超净工作台上进行以下的操作：第一次消毒用 1g/L 的 $HgCl_2$ 溶液浸 3min，用无菌水洗两次，接着进行第二次消毒，用 1g/L 的 $HgCl_2$ 溶液浸 2min，再用无菌水冲洗 5 次。

（2）不定芽诱导与初代培养　在无菌环境下，将消毒好的外植体切成 2.0 ～ 2.5cm 长的茎段，接种在芽诱导培养基中，每瓶接种 1 段，诱导出芽。芽的诱导培养基为 MS+6-BA 0.5 ～ 2.0mg/L+NAA 0.05 ～ 0.1mg/L，培养 15 ～ 20d 后，在叶腋处抽生小芽。外植体接到芽诱导培养基继代 3 次后（约 60d）形成芽丛，及时转到增殖培养基进行继代增殖。

2. 壮芽继代增殖培养

在无菌环境下，切割初代或继代培养诱导的幼芽或丛生芽，制成每丛 3 ～ 4 个芽的小芽丛或单芽，每培养瓶接种 6 ～ 8 个芽或丛芽，转接至壮芽增殖培养基中，壮芽增殖培养基 MS+6-BA 0.2 ～ 0.5mg/L。继代增殖一段时期，材料增殖到一定数量后，一部分材料继续增殖，一部分材料进行生根。

3. 炼苗生根培养

把接种于壮芽增殖培养基中 3.0cm 以上的芽单个切下接种到生根培养基 1/2 MS+NAA 0.2 ～ 0.5mg/L+IBA 0.5 ～ 1.0mg/L 后，第二天就放在玻璃温室中生根。经过 6d 后芽开始生根，45d 即可移植。整个生根的过程，也就是炼苗的过程。

4. 培养条件

培养室保持洁净，空气新鲜。温度（25±2）℃，光照强度 2000 ～ 3000lx，光照时间为 8h/d，湿度 40% ～ 50%，及时清除污染材料。

5. 试管苗移植管理

移栽基质选用泥炭土、珍珠岩和椰糠混合消毒后使用，移栽时，将已生根且炼苗过的合格试管苗取出，用自来水冲洗干净基部的培养基，然后种植在装好基质的育苗筛上并盖上塑料薄膜保湿，10d 后逐渐打开塑料薄膜，20d 后把塑料薄膜完全打开。种植后第 1 ～ 2d 喷急救回生丹一次，以后每周喷多菌灵或甲基托布津或急救回生丹和 1/2 MS 无机成分溶液一次。60d 后可出圃或移栽到花盆种植，移栽成活率达 90% 以上。

项目十一　药用植物组织培养　

 知识目标

1. 了解药用植物组织培养技术的特点，掌握不同类别药用植物组培快繁技术；
2. 能进行各类药用植物的组培快繁操作技术。

项目导入

药用植物其他植物的组培有什么不同呢？药用植物除了全草入药的类别外，通常以特定部位入药，如根、叶、果实等等，不同的药用部位其药效也有差异。在药用植物种植生产中，除了要考虑药材产量，还应关注药材质量，因此，在种苗繁育时不仅需要考虑幼苗的成活率，也应考虑繁育出的药用植物其药用部位的性状、产量是否优良，这样才能使大田种植的药材品质得到保障。

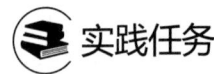

📘 实践任务

一、广藿香组织培养

微课：广藿香
组织培养

广藿香为唇形科刺蕊草属，多年生草本或半灌木，其干燥地上部分为中药广藿香。广藿香为广东省道地药材之一，《中国药典》中记载其具有芳香化浊、和中止呕、发表解暑的功效。现代医学也表明其有抗癌、抗真菌感染、抗动脉粥样硬化等活性。此外，从广藿香中提取的广藿香油还是医药工业和轻化工业的重要原料，可用于配制各种药剂、化妆护肤品、定香剂和杀虫剂等。

广藿香原产菲律宾，在菲律宾、马来西亚、印度尼西亚等东南亚各地栽培较多。引种我国后，在岭南一带已有几百年的悠久种植历史。在长期的栽培过程中，由于不同生态环境的影响，广东省内出现了 3 个不同的栽培品种，分别是石牌藿香、肇庆藿香和湛江藿香。由于气候等生态条件不同，广藿香引进我国栽培后罕见开花结籽，故长期采用扦插繁殖，导致植株生长缓慢、病害发生率高、抗逆性弱、单位产量低。随着产业化基地生产的需要，扦插繁殖无法提供大批优质种苗，亟待寻找新的方法繁殖广藿香。利用植物的组织培养技术建立广藿香组培繁殖和工厂化育苗可以解决这一问题，对广藿香生产的持续发展意义重大。

1. 无菌繁殖体系的建立

（1）外植体材料的选择与消毒　外植体材料选择栽培于塑料大棚里一段时间（20d 以上）的优良母株新长出的嫩叶，在超净工作台上进行无菌操作：用 0.1% 的 $HgCl_2$ 溶液灭菌 3 ～ 5min，用无菌水冲洗 2 次，再用 0.1% 的 $HgCl_2$ 溶液灭菌 2 ～ 3min，用无菌水冲洗 5 次。

（2）不定芽诱导及初代培养　将消毒好的嫩叶切成 1 ～ 2cm² 的小块，接种于不定芽诱导培养基 MS+6-BA 0.2 ～ 0.5mg/L+NAA 0.01mg/L 上，每瓶接种一块。经过 15 ～ 20d 的培养室培养，外植体周边切口处开始形成绿色小丛状不定芽，25 ～ 30d 后转接到相同培养基进行初代培养，以后在相同培养基上连续培养 2 ～ 3 代，材料达到一定数量后，将诱导的不定芽接种到壮芽增殖培养基进行壮芽增殖培养。

2. 壮芽继代增殖培养

壮芽继代增殖培养基为 MS+6-BA 0.05 ～ 0.2mg/L+NAA 0.01。转接时，将丛生芽分割，转接进同一培养基，每瓶 5 ～ 8 小丛或芽，多代不断地增殖，一直到所需的量。继代增殖培养周期为 25 ～ 30d，增殖系数一般为 4 ～ 5。

3. 生根培养

当壮芽继代增殖培养到一定时期后即可进行生根培养。转接时，可将丛生芽分割成单芽，将长 2cm 以上的芽苗转入 1/2 MS+NAA 0.1 ～ 0.5mg/L+ 活性炭 1g/L 的生根培养基诱导生根，对不足 2cm 的小芽或小芽丛转入壮芽继代增殖培养基继续壮芽增殖培养。芽苗转入生根培养基后，一般 7 ～ 10d 左右开始生根，20 ～ 25d 试管苗长高至 4 ～ 6cm 左右，并有数条根时，即可进行炼苗。

4. 培养室环境控制

培养室保持洁净，空气新鲜。温度（25±2）℃，光照强度 2000 ～ 3000lx，光照时间为 10h/d，湿度 40% ～ 50%，及时清除污染材料。

5. 试管苗移植和管理

将培养瓶移至炼苗室，避免阳光直射，炼苗 7d 左右，然后松开瓶盖透气 1 ～ 2d，使瓶内外的湿度比较接近。小心地将苗从瓶内取出，放在盛有水的塑料盆里洗净根部的培养基，移栽到河沙：泥炭土＝ 1 ：4 的已消毒的基质中，浇足定根水后，及时放入遮阳的塑料大棚，盖上塑料薄膜保湿，待移植苗开始生长并长出新根，逐渐揭开薄膜通风。待新的根系形成，移植苗能完全独立生长时，可完全揭开薄膜。小苗高达 15 ～ 20cm 左右，根系发达时，即可进行大田缓苗和定植。

二、铁皮石斛组培快繁

微课：铁皮石斛
组织培养

铁皮石斛（*Dendrobium officinale*）为兰科石斛属多年生草本植物，茎直立，圆柱形，长 9 ～ 35cm，粗 2 ～ 4mm，不分枝，具多节；叶二列，纸质，长圆状披针形，边缘和中肋常带淡紫色。总状花序常从落了叶的老茎上部发出，具 2 ～ 3 朵花；花苞片干膜质，浅白色，卵形，长 5 ～ 7mm，萼片和花瓣黄绿色，是一种生长缓慢、自然繁殖率很低的兰科附生植物，是常用的名贵中药，应用历史悠久。主要分布在热带、亚热带地区，喜阴凉、湿热的环境，多附生于岩石或直径粗、长满苔藓、爬满野藤的阔叶树。

铁皮石斛生长周期长，资源十分有限，长期以来对铁皮石斛的采集量远大于生长量，导致自然资源日益枯竭。近年来很多地区都开展了铁皮石斛的人工栽培，由于铁皮石斛种子极小，无胚乳，在自然状态下发芽率极低，用常规繁殖方法如分株、扦插等繁殖率也低，因此，利用植物组织培养方法实现快速繁殖种苗，是实现铁皮石斛集约化人工栽培，满足生产需要的最佳途径。

1. 外植体材料的选择与消毒

外植体材料选择铁皮石斛优质品种，母株经控制授粉结出的未爆裂成熟种果，用 75% 的乙醇溶液抹擦后在超净工作台上进行无菌操作。75% 的乙醇溶液浸泡 60s 后，用 0.1% 的 $HgCl_2$ 溶液灭菌 8 ～ 10min，无菌水冲洗 2 次；再用 0.1% 的 $HgCl_2$ 溶液灭菌 5 ～ 7min，无菌水冲洗 5 次。

2. 无菌播种种子萌发和继代增殖培养

将消毒好的种果切开，取出适量种子，均匀地撒播在种子萌发培养基 1/2 MS+NAA 0.2 ～ 0.5mg/L+ 马铃薯 50 ～ 100g/L 上。经 60 ～ 75d 的培养室培养，种子萌发长出小芽 0.2 ～ 0.5cm 后，转接到相同培养基进行培养，以后在相同培养基上连续培养和转接多代，转接周期为 75 ～ 90d，待材料达到一定数量后，将萌发长大的小苗转接到壮芽生根培养基进行壮芽生根培养。

3. 壮芽生根培养

壮芽生根培养基为 1/2 MS+NAA 0.2 ～ 0.5mg/L+ 马铃薯 50 ～ 100g/L+ 活性炭 2g/L。转接时，将丛生芽分割，转接进壮芽生根培养基，每瓶 15 ～ 20 小芽丛或芽，多代不断地转接，转接周期为 75 ～ 90d。经生根炼苗一直到苗高 4 ～ 6cm、健壮、根系发达即可转入炼苗塑料大棚进行炼苗。

4. 培养室环境控制

培养室保持洁净，空气新鲜。温度（25±2）℃，光照强度 1500 ～ 2500lx，光照时间为 10h/d，湿度 40% ～ 50%，及时清除污染材料。

5. 试管苗移植和管理

在炼苗塑料大棚炼苗 15 ～ 20d 后，苗高 5 ～ 8cm、生长正常、长势好的试管生根苗即可移植。移植时用镊子轻轻地夹出炼好的试管生根苗，置于装有干净自来水的塑料盆里，清洗 2 遍，以洗净培养基。并用 0.01% 的高锰酸钾溶液浸泡 3 ～ 5min，自来水清洗，再用 70% 甲基托布津等杀菌剂 1000 倍稀释水溶液浸泡 5 ～ 7min。

试管生根苗在清洗消毒后，栽植于用遮阳网垫底，长 × 宽 × 高为 50cm×40cm×7cm 的排水良好的塑料筛中。种植时，用手轻捏，使试管生根苗的根部与基质充分接触。种植后，放在有遮阳的标准塑料大棚进行栽培管理。最初 2d 内不用浇水，第 3d 开始淋第一次促根杀菌营养液（翠筠 B1 营养剂 + 多菌灵 + 磷酸二氢钾溶液），以后每 10d 喷施该溶液一次并保持种植基质经常处于湿润状态。与此同时，还需要防治病虫害。

三、菊花脱毒组培快繁

菊花为菊科菊属植物的干燥头状花序。具有疏风散热、清肝明目、解疮毒的功效。现代药理试验证明菊花具有改善心血管功能、抗癌、抗菌、扩血管、抗氧化等作用。《中国药典》中，菊花被收录为微课：菊花组织培养

药食同源植物，具有较高的经济价值。由于它可以在林间地头、山坡地种植，近年来也成为一种重要的林下经济植物，被广泛应用。《本草纲目》中有"菊之品九百种"的记载，其中杭菊、亳菊、滁菊、怀菊最为有名，有"四大名菊"之称。

菊花通常以嫁接、扦插、分株的方式进行无性繁殖，长期的这种营养繁殖的方式会使病毒积累，日趋严重，造成生长不良，品质和产量也随之下降，影响经济效益。据国内外报道，侵染菊花的病毒多达 20 多种，其中菊花 B 病毒和番茄不孕病毒为侵染、危害菊花的主要病毒，受感染的植株表现为矮小，花朵畸形、褪色、变小，甚至皱缩、扭曲、枯斑、坏死等，严重地减少了菊花的产量，降低了菊花的品质。为获得菊花的脱毒苗，采用微茎尖培养脱毒技术，并进行组织培养工厂化育苗。

1. 外植体材料的选择与预处理

外植体材料选择菊花优质株系，于取材前 2 个月放入塑料大棚内并于取材 10d 前开始停止淋水而改用 70% 甲基托布津可湿性粉剂等杀菌剂 1000 倍的水溶液每隔 3d 整株连盆土一起淋湿，连续 3 次。取材时，选取正常健壮的植株，去除叶片，切成 3.0 ～ 5.0cm 的茎段或顶芽作为下一步外植体消毒用。

2. 外植体消毒及不定芽诱导

把经预处理的 3.0 ～ 5.0cm 的枝段或顶芽，用二次消毒法在超净工作台上进行外植体消毒：第一次用 0.1% 的 $HgCl_2$ 溶液表面消毒 4 ～ 6min，无菌水冲洗 2 次；第二次用 0.1% 的 $HgCl_2$ 溶液表面消毒 2 ～ 4min，无菌水冲洗 5 次后，将消毒好的材料切成约 1.5 ～ 2.0cm 长的小段（带 1 ～ 2 个腋芽）接种到诱导培养基 MS+6-BA 1.5mg/L+NAA 0.1mg/L 进行不定芽诱导。

3. 不定芽增殖继代接种及增殖培养

切取经不定芽诱导的芽做材料进行增殖继代接种，增殖继代培养基为 MS+NAA 0.1 ～ 0.5mg/L。转接时单节切割，每节带 1 片叶子（1 个叶芽），每瓶培养基接种 8 节。接种材料在培养室中培养 20 ～ 25d。

4. 微茎尖无菌切取及脱毒茎尖组织培养无菌繁殖体系建立

无菌条件下于超净工作台解剖镜下切取无菌组培瓶苗茎尖 0.5 ～ 1.0mm，放入脱毒茎尖不定芽诱导培养基 MS+6-BA 0.1 ～ 0.3mg/L+ 椰子汁 50 ～ 100mL/L 进行不定芽诱导，每瓶培养基接种 5 个，转接后放入培养室中培养。

5. 脱毒组培苗继代增殖生根培养

接种材料在培养室中培养 25 ～ 30d，茎尖长高至 1.0 ～ 2.0cm，转接到增殖继代生根培养基 MS+6-NAA 0.2 ～ 0.4mg/L 进行增殖继代生根培养。转接时单节切割，每节带 1 片叶子（1 个叶芽），每瓶培养基接种 8 节。接种材料在培养室中培养 20 ～ 25d，以后在相同培养基上连续转接培养多代，转接周期为 20 ～ 25d。材料达到一定数量后，部分材料继续进行增殖继代生根培养，部分材料即可转入炼苗塑料大棚进行炼苗。

6. 培养室环境控制

培养室保持洁净，空气新鲜。温度（25±2）℃，光照强度 2000 ～ 3000lx，光照时间为 12h/d，湿度 40% ～ 50%，及时清除污染材料。

7. 试管苗驯化移植管理

放入炼苗塑料大棚进行生根炼苗的材料，经 7 ～ 10d 左右的炼苗后，苗高 5 ～ 7cm、生长正常、根系发达、长势好的试管生根苗即可移植。移植时用镊子轻轻地夹出炼好的试管生根苗，置于装有干净自来水的塑料盆里，清洗 3 遍，以洗净培养基。并用 0.01% 的高锰酸钾溶液浸泡 3 ～ 5min，自来水清洗，再用 70% 甲基托布津等杀菌剂 1000 倍水溶液浸泡 5 ～ 7min。然后将试管苗移栽于苗床或穴盘中，栽培基质为泥炭土：蛭石：河沙为 3：2：1 为好。移栽后浇透水，并设塑料拱棚保湿，相对湿度在 85% 以上，温度保持 25 ～ 30℃，用 70% 的遮阳网搭荫棚，避免直射阳光暴晒，防止膜罩内温度过高。移栽后 15 ～ 20d 逐渐减低湿度到自然条件。幼苗成活后即可把荫棚撤掉，此阶段要加强水肥管理和病、虫、草害防治。经 2 ～ 3 个月精细管理，当苗高 15 ～ 20cm 时即可出圃。

四、多花黄精组织培养

多花黄精（*Polygonatum cyrtonema*）为百合科玉竹属植物，多年生草本。黄精始载于《神农本草经》，为《中国药典》收载的常用中药材，味甘、平，归脾、肺、肾经，具有补气养阴、健脾、润肺、益肾之效，在抗衰老、调节免疫力、调血脂血糖、改善记忆力、抗肿瘤、抗菌等方面显示出潜在的药用价值，在民间亦是一种使用面非常广的药食同源植物。按《中国药典》规定，药用黄精为百合科植物滇黄精、黄精或多花黄精的干燥根茎。黄精也是国家卫健委批准的药食两用的中药材。黄精具有很高的经济价值与药用价值，可广泛应用于新药生产以及化工领域等，其市场需求量越来越大。但是野生黄精的生长繁育缓慢，成活率低，故野生资源稀缺，近些年野生黄精遭到了过度的人工采挖，其生长环境也遭到破坏，乱引乱种等问题，导致其野生优质资源日益减少。近些年黄精因长期地追求产量，人为盲目挖采过度、人工种植不规范，导致野生黄精面临种源稀少，品质逐年下降。优良种质资源的短缺已成为黄精产业发展所面临的最大瓶颈，黄精野生资源的保护与利用已成为亟待解决的问题，种苗繁育与规范化栽培尤为迫切与重要，是解决黄精产业发展问题的重要手段。

1. 外植体材料的选择与消毒

外植体材料选择栽培于塑料大棚里一段时间（20d以上）的优良母株根状茎，先用自来水冲洗，再用75%乙醇抹擦后在超净工作台上进行无菌操作：用75%乙醇湿润60s后，用0.1%的$HgCl_2$溶液灭菌8～10min，无菌水冲洗2次，再用0.1%的$HgCl_2$溶液灭菌5～7min，无菌水冲洗5次。

2. 不定芽诱导和继代增殖培养

不定芽诱导和继代增殖培养基为MS+6-BA 3.0～5.0mg/L+KT 0.5～1.0mg/L+NAA 0.3～0.5mg/L。将消毒好的根状茎切取茎、芽部各1cm左右接种于发芽诱导培养基上，每瓶接种一块。经过10～15d的培养室培养，外植体膨大并在周边开始有不定芽形成，以后在相同培养基上连续培养多代，转接周期为35～45d，增殖系数一般为3～5。

3. 炼苗生根培养

炼苗生根培养基为1/2 MS+IBA 0.5～1.0mg/L+活性炭1g/L。材料达到一定数量后，挑取生长正常，高3～5cm并具有3片叶以上基部带小块根状茎的芽苗转入生根培养基，每瓶接种5～6个，隔天放进炼苗塑料大棚进行生根炼苗培养，其余材料继续进行增殖继代培养。放入炼苗塑料大棚进行生根炼苗的材料，经40～50d左右的生根炼苗后，苗高5～7cm、生长正常、根系发达、长势好的试管生根苗即可移植。

4. 培养室环境控制

培养室保持洁净，空气新鲜。温度（24±2）℃，光照强度1500～2500lx，光照时间为8h/d，湿度40%～50%，及时清除污染材料。

5. 试管苗移植和管理

试管苗移栽时，往瓶内倒入少量水，并轻轻摇动，使根系与培养基分离，然后小心地从瓶内取出试管苗，放在盛有水的塑料盆里洗净根部的培养基，清洗3遍，以洗净培养基。

并用 0.01% 的高锰酸钾溶液浸泡 3 ～ 5min，自来水清洗，再用 70% 甲基托布津等杀菌剂 1000 倍稀释水溶液浸泡 5 ～ 7min。然后将试管苗移栽于苗床或穴盘中，移栽基质为消毒过的河沙：泥炭土 = 2 : 3，浇足定根水后及时放入 85% 遮阳网遮阳的塑料大棚，盖上塑料薄膜保湿，待移植苗开始生长并长出新根，逐渐揭开薄膜通风。待新的根系形成，移植苗能完全独立生长时，可完全揭开薄膜，后按常规苗圃育苗进行栽培管理。

五、白及组织培养

微课：白及组织培养

白及（*Bletilla striata*）为兰科多年生草本植物，以地下的干燥块茎入药，其块茎部分主要含有多糖、联苄类及其衍生物、三萜类、皂苷和类固醇等化学成分。这些化学成分为白及的药理多样化提供了基础，应用于多个方面：白及止血功能显著，主要用于治疗呕血、咯血和外伤性出血，可通过内服或者外敷来治疗创伤性出血。白及多糖能够促进疤痕的还原，胶原蛋白和血管的形成，在帮助伤口愈合方面发挥积极作用，还有抗消化性溃疡、抗菌、抗病毒等作用。近年来，白及产业发展迅速，在医药、保健、美容等领域广泛应用。

由于市场对白及的需求量不断增加，导致野生白及遭到过度的开采，野生资源急剧减少，现已被列为国家重点保护的野生药用植物。目前，白及栽培者主要是由茎切块繁殖，这种方法需要大量母体，成本较高，繁殖速度慢，满足不了市场的大量需求。而白及种子自然繁殖对环境要求高，成活率也低。这是由于兰科植物的种子属于不完整胚胎，没有胚乳，导致萌芽后营养无法补充，因而萌芽后的幼苗也难成活。为满足大面积种植需求，白及的组织培养技术有了快速发展，其具有繁殖系数高、外界条件限制小等特点，可快速获得白及苗，实现规模化生产，这已成为白及大规模繁殖的重要手段。

1. 外植体材料的选择与消毒

外植体材料选择白及优质品种优良母株经控制授粉结出的未爆裂成熟种果，用 75% 的乙醇溶液抹擦后在超净工作台上进行无菌操作：75% 的乙醇溶液浸泡 60s 后，用 0.1% 的 $HgCl_2$ 溶液灭菌 8 ～ 10min，无菌水冲洗 2 次；再用 0.1% 的 $HgCl_2$ 溶液灭菌 5 ～ 7min，无菌水冲洗 5 次。置于灭菌的滤纸上吸干水分。

2. 无菌播种种子萌发和继代增殖培养

发芽培养基上 MS+NAA 0.2 ～ 0.6mg/L+ 马铃薯 50 ～ 100g/L。将消毒好的种果切开，取出适量种子，均匀地撒播在种子萌发培养基。经 60 ～ 75d 的培养室培养，种子萌发长出小芽 0.2 ～ 0.5cm 后，转接丛生芽诱导与增殖培养基 MS+NAA 0.2 ～ 0.6mg/L+ 马铃薯 50 ～ 100g/+ 活性炭 1g/L，以后在相同培养基上连续培养和转接多代，转接周期为 75 ～ 90d，待材料达到一定数量后，将萌发长大的小苗转接到壮芽生根培养基进行壮芽生根培养。

3. 壮芽生根培养

壮芽生根培养基为 1/2 MS+NAA 0.2 ～ 0.5 mg/L+ 马铃薯 50 ～ 100g/L+ 活性炭 2g/L。转接时，将丛生芽分割，转接进壮芽生根培养基，每瓶 15 ～ 20 小芽丛或芽，多代不断地转接，转接周期为 75 ～ 90d。经生根炼苗一直到苗高 4 ～ 6cm，健壮，根系发达即可转入炼苗塑料大棚进行炼苗。

4. 培养室环境控制

培养室保持洁净，空气新鲜。温度（25±2）℃，光照强度 1500 ～ 2500lx，光照时间为 10h/d，湿度 40% ～ 50%，及时清除污染材料。

5. 试管苗移植和管理

白及组培苗在驯化塑料大棚进行壮芽与生根诱导 25 ～ 40d，选择苗高 5 ～ 7cm、叶片数达到 3 片以上、假鳞茎直径为 0.3cm 以上、生长正常、长势较好的试管生根苗。用镊子轻轻地夹出炼好的试管生根苗，置于装有干净自来水的塑料盆里，清洗 2 遍，以洗净培养基，并用 0.01% 的高锰酸钾溶液浸泡 5min，自来水清洗，甲基托布津溶液浸泡 2min。试管生根苗在清洗消毒后，栽种于排水良好的塑料育苗筛中。基质配方为泥炭土∶河沙∶蛭石 =5∶3∶2。种植时，用手轻捏，使试管生根苗的根部与基质充分接触，种植后，放在有遮阳的标准塑料大棚进行栽培管理。最初 2d 内不浇水，只淋促根杀菌营养液（翠筠 B1 营养剂 + 多菌灵 + 磷酸二氢钾溶液），以后每 10d 喷施该溶液一次并保持种植基质经常处于湿润状态。与此同时，需要防治病虫害。

六、巴戟天组织培养

巴戟天（*Morinda officinalis*），茜草科巴戟天属植物。分布于中国福建、广东、海南、广西等地的热带和亚热带地区。生长于山地疏、密林下和灌丛中，常攀于灌木或树干上。巴戟天为广东八大南

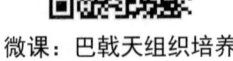

微课：巴戟天组织培养

药之一，是中药材中常用的品种之一，其主要成分为蒽醌类化合物、糖类、有机酸类、氨基酸类、环烯醚萜类以及人体所必需的微量元素，具有补肾阳、强筋骨、祛风湿等功效。随着现代医学技术的不断发展以及对巴戟天开发不断深入，巴戟天的应用范围不断扩大，市场需求量逐年增加。由于长期的滥采滥挖，巴戟天野生资源受到较大的破坏，其产量和质量不能满足市场的需要。而巴戟天人工大规模栽培种植，要求种苗的质量高，需要的种苗量大，目前这类种苗市场极其短缺。巴戟天传统的繁殖方法为扦插繁殖，培育的种苗数量有限，而且质量低，无法满足大规模栽培种植的需要，而采用组培快速繁殖技术方法，是解决目前种苗短缺、质量低的有效方法。

1. 外植体材料的选择与消毒

外植体材料选择巴戟天优质品种优良母株。取生长健壮、无病虫害的新萌发半木质化新枝，用 75% 乙醇抹擦后，把茎段切成 5 ～ 7cm 长，放入 75% 乙醇湿润 30s，用 0.1% 的 $HgCl_2$ 溶液灭菌 10min，用无菌水冲洗 2 次，再用 0.1% 的 $HgCl_2$ 溶液灭菌 5min，用无菌水冲洗 5 次，置于灭菌的滤纸上吸干水分。将消毒好的茎切成长约 2.0 ～ 3.0cm，带有 1 ～ 2 个节间的小段，接种于不定芽诱导培养基 2/3 MS+6-BA 1.0 ～ 2.0mg/L+NAA 0.1 ～ 0.3mg/L 上。

2. 不定芽增殖继代接种及增殖培养

切取经不定芽诱导的芽作材料进行增殖继代接种，增殖继代培养基为 2/3 MS+6-BA

0.2 ～ 0.5mg/L+NAA 0.01 ～ 0.05mg/L。转接时单节切割，每节带 1 片叶子（1 个叶芽），每瓶培养基接种 6 ～ 8 节。接种材料在培养室中培养 25 ～ 30d，以后在相同培养基上连续转接培养多代，转接周期为 30 ～ 40d。材料达到一定数量后，部分材料继续进行增殖继代，另一部分材料即可进行壮芽生根。

3.壮芽生根培养

壮芽生根培养基为 1/2 MS+IBA 0.5 ～ 1.0mg/L+NAA 0.1 ～ 0.2mg/L+ 活性炭 1g/L。进行壮芽生根的材料，转接时单节切割，每节带 1 片叶子（1 个叶芽），每瓶培养基接种 6 ～ 8 节。接种材料在培养室中培养 30 ～ 40d，苗高 5 ～ 7cm、生长正常、根系发达、长势好的试管生根苗即可移入炼苗塑料大棚进行炼苗。

4.培养室环境控制

培养室保持洁净，空气新鲜。温度（25±2）℃，光照强度 2000 ～ 3000lx，光照时间为 12h/d，湿度 40% ～ 50%，及时清除污染材料。

5.试管苗驯化移植管理

放入炼苗塑料大棚进行炼苗的材料，经 7 ～ 10d 左右的炼苗后即可移植。移植时用镊子轻轻地夹出炼好的试管生根苗，置于装有干净自来水的塑料盆里，清洗 3 遍，以洗净培养基。并用 0.01% 的高锰酸钾溶液浸泡 3 ～ 5min，自来水清洗，再用 70% 甲基托布津等杀菌剂 1000 倍稀释水溶液浸泡 5 ～ 7min。然后将试管苗移栽于苗床或穴盘中，苗床或穴盘中的基质以泥炭土∶蛭石∶河沙为 3∶2∶1 为好。移栽后浇透水，并设塑料拱棚保湿，相对湿度在 85% 以上，温度保持 25 ～ 30℃，用 70% 的遮阳网搭荫棚，避免直射阳光暴晒，并防止膜罩内温度过高，移栽后 15 ～ 20d 逐渐减低湿度到自然条件。幼苗成活后即可把荫棚拆掉，此阶段要加强水肥管理和病、虫、草害防治。经 2 ～ 3 个月精细管理，当苗高 15 ～ 20cm 时即可出圃。

七、金线兰组织培养

金线兰为兰科开唇兰属多年生草本，别名金蚕、金线莲、金线虎头蕉等，是我国传统珍贵药材，素有"金草""神药""乌人参"等美称，在民间应用范围较广，广泛应用于风湿性关节炎、高血压病、糖

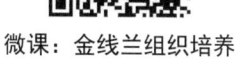

微课：金线兰组织培养

尿病、肾病等疑难杂症的治疗和强身健体、病后体虚恢复等方面，在我国浙江、福建、台湾和东南亚地区被视为珍稀名贵药材，特别在台湾地区更是备受青睐，被称为"药中之王"。

金线兰种子微小，由未成熟的胚及数层种皮细胞构成，自然萌发率和繁殖率低，目前市场上货源主要来自于野生采挖，产品一直处于供不应求的状况。近年来，随着对其药效学和临床应用研究的深入，对金线兰药用价值的认识进一步提高，其市场货源紧缺的状况更为严峻，野生资源也不断遭到破坏性采挖，以至于处于濒临灭绝之地。采用植物组织培养技术，能解决金线兰种苗来源，加快人工栽培，以保护金线兰野生资源，稳定市场供应。

1.外植体材料的选择与消毒

外植体材料选择野外采集的金线兰野生优良株系，放入试管苗移植塑料大棚培养 50d

以上。取生长健壮、无病虫害的植株，去除叶片，放入 1000 倍稀释的灭菌净溶液用超声波清洗机清洗 5 ～ 10min，在超静工作台上，用 75% 乙醇湿润 20 ～ 30s，放入 0.1% 的 $HgCl_2$ 溶液灭菌 5 ～ 7min，用无菌水冲洗 5 ～ 6 次。

2. 不定芽诱导及继代增殖培养

不定芽诱导培养基为 MS+6-BA 4.0mg/L+NAA 0.4 mg/L+ 椰子汁 50 ～ 100mL/L。将消毒好的茎按上段（带茎尖）、中段和下段切成长约 1.5 ～ 2.0cm，带有 1 ～ 2 个节间的小段，置于灭菌的滤纸上吸干水分，接种于不定芽诱导培养基上。接种材料在培养室中培养 60 ～ 90d，用相同培养基继续转接。转接时单节切割，每节带 1 片叶子（1 个叶芽），每瓶（兰花瓶）培养基接种 15 ～ 20 节，以后在相同培养基上连续转接培养多代，转接周期为 90 ～ 100d。材料达到一定数量后，部分材料继续进行增殖继代，另一部分材料即可进行壮芽生根。

3. 壮芽生根培养

壮芽生根培养基为 1/2 MS+6-BA 0.2 ～ 0.5mg/L+NAA 1.0 ～ 2.0mg/L+ 椰子汁 50 ～ 100mL/L+ 活性炭 2g/L。进行壮芽生根的材料，转接时单节切割，每节带 1 ～ 2 片叶子（1 ～ 2 个叶芽），每瓶培养基接种 15 ～ 20 节。接种材料在培养室中培养 50 ～ 60d，苗高 4 ～ 6cm、生长正常、根系发达、长势好的试管生根苗即可移入炼苗塑料大棚进行炼苗。

4. 培养室环境控制

培养室保持洁净，空气新鲜。温度（25±2）℃，光照强度 1000 ～ 2000lx，光照时间为 10h/d，湿度 40% ～ 50%，及时清除污染材料。

5. 试管苗驯化移植管理

放入炼苗塑料大棚进行炼苗的材料，经 30 ～ 40d 左右的炼苗后即可移植。移植时用镊子轻轻地夹出炼好的试管生根苗，置于装有干净自来水的塑料盆里，清洗 3 遍，以洗净培养基。并用 0.01% 的高锰酸钾溶液浸泡 3 ～ 5min，自来水清洗，再用 70% 甲基托布津等杀菌剂 1000 倍稀释的水溶液浸泡 5 ～ 7min。然后将试管苗移栽于苗床或塑料育苗筛中，苗床或塑料育苗筛中的基质以泥炭土：河沙为 3：2 为好。移栽后放进用 90% 的遮阳网遮阳的试管苗移植塑料棚，相对湿度在 85% 以上，温度保持 20 ～ 28℃。移栽后 15 ～ 20d 逐渐减低湿度到自然条件，加强水肥管理和病、虫、草害防治，经 3 ～ 6 个月精细管理后即可出圃。

八、沉香树组织培养

土沉香（*Aquilaria sinensis*），又名白木香、沉香树，属于瑞香科，是一种热带及亚热带常绿乔木，高 6 ～ 20m，胸径 50 ～ 90cm，主要分布于广东、广西、云南、福建等省区，沉香树含树脂的木材带有香气，以带黑色树脂的干燥心材入药，药材名沉香，为国产沉香的正品来源，是广东道地药材，十大广药之一。沉香是临床常用的理气药，具行气止痛、温中止呕、纳气平喘功效，用于治疗胸腹胀痛、胃寒暖吐、虚喘等证。另外，沉香树也是很好的园林绿化树种，可栽植于城市街道两旁、办公楼周围、居住小区、庭院等地方，可净化空气，美化环境，有益健康，特别在提倡"创建保健型园林"的今天，沉香树将更有较好的应用前景。

但近年来，由于沉香树自然繁殖率低，生存环境遭到破坏、虫害及人为掠夺式砍伐等原因，使沉香树资源遭到严重的破坏，现仅有零星散生的残存植株。1987 年沉香树被列为国家珍稀濒危三级保护植物，1999 年又被国务院批准为国家二级重点保护野生植物。沉香树的种子寿命又极短，如果不经过特别处理，只能储存一周左右，即使在最佳保存条件下保存一个月，发芽率也会从 41% 降至 22%，如果保存两个半月，种子的萌发率将降为零。因此，沉香树人工种植所需要的种苗极其匮乏，用组织培养的方式进行大规模的工厂化育苗是解决沉香树种苗缺乏的重要方式。

1. 外植体材料的选择与消毒

外植体材料选择沉香树优质品种优良母株。取生长健壮、无病虫害的新萌发半木质化新枝，用 75% 乙醇抹擦后，把茎段切成 5～7cm 长，放入 75% 乙醇湿润 30s，用 0.1% 的 $HgCl_2$ 溶液灭菌 10min，用无菌水冲洗 2 次，再用 0.1% 的 $HgCl_2$ 溶液灭菌 5min，用无菌水冲洗 5 次，置于灭菌的滤纸上吸干水分。将消毒好的茎切成长约 2.0～3.0cm，带有 1～2 个节间的小段，接种于不定芽诱导培养基 2/3 MS+6-BA 0.5～1.0mg/L+NAA 0.01～0.1mg/L 上。

2. 不定芽增殖继代接种及增殖培养

切取经不定芽诱导的芽作材料进行增殖继代接种，增殖继代培养基为 2/3 MS+6-BA 1.0～2.0mg/L+KT 0.5～1.0mg/L+NAA 0.1～0.3mg/L。转接时单节切割，每节带 1～2 片叶子（1～2 个叶芽），每瓶培养基接种 5～6 节。接种材料在培养室中培养 25～30d，以后在相同培养基上连续转接培养多代，转接周期为 25～35d。材料达到一定数量后，部分材料继续进行增殖继代，另一部分材料即可进行壮芽生根。

3. 壮芽生根培养

壮芽生根培养基为 1/2 MS+IBA 1.0～2.0mg/L+NAA 0.1～0.2mg/L+ 活性炭 1g/L。进行壮芽生根的材料，转接时，选取 2cm 以上，生长正常的单芽切下，每瓶培养基接种 6～8 个芽。接种材料在培养室中培养 20～25d，苗高 4～5cm、生长正常、根 2～4 条、长势好的试管生根苗即可移入炼苗塑料大棚进行炼苗。

4. 培养室环境控制

培养室保持洁净，空气新鲜。温度（25±2）℃，光照强度 2000～3000lx，光照时间为 10h/d，湿度 40%～50%，及时清除污染材料。

5. 试管苗驯化移植管理

放入炼苗塑料大棚进行炼苗的材料，经 7～10d 左右的炼苗后即可移植。移植时用镊子轻轻地夹出炼好的试管生根苗，置于装有干净自来水的塑料盆里，清洗 3 遍，以洗净培养基。并用 0.01% 的高锰酸钾溶液浸泡 3～5min，自来水清洗，再用 70% 甲基托布津等杀菌剂 1000 倍稀释水溶液浸泡 5～7min。然后将试管苗移栽于苗床或穴盘中，苗床或穴盘中的基质以泥炭土∶黄心土∶河沙为 3∶1∶2 为好。移栽后浇透水，并设塑料拱棚保湿，相对湿度在 85% 以上，温度保持 25～30℃，用 85% 的遮阳网搭荫棚，避免直射阳光暴晒，并防止膜罩内温度过高，移栽后 15～20d 逐渐减低湿度到自然条件。幼苗成活后即可把荫棚撤掉，此阶段要加强水肥管理和病、虫、草害防治。经 2～3 个月精细管理，当苗高 15～20cm 时即可出圃。

项目十二　植物组织培养工厂化生产育苗

知识目标

1. 熟悉组培苗工厂化生产的主要设施设备及生产工艺流程；
2. 会编写组培苗工厂化育苗的生产计划和估算组培苗的生产成本与经济效益；
3. 会编写组培苗工厂化育苗的生产技术实施方案。

项目导入

植物组织培养技术能否在生产中得到运用，关键看所确立的组培目标品种能否进行组培工厂化大规模生产育苗，并获得经济效益。那么组织培养进入工厂化育苗阶段，需要做好哪些规划，又如何计算生产成本呢？

必备知识

植物组培苗的工厂化生产是指在人工控制的最佳环境条件下，充分利用自然资源和社会资源，采用标准化、机械化、自动化技术高效优质地按计划批量生产优质健康植物苗木的过程，需要有一个规范化的组培生产车间、生产技术方案及完善的工厂化生产的技术路线和工艺流程，需要进行生产成本的核算和控制，提高生产效益。

一、组培苗工厂化生产的技术路线和工艺流程

工厂化生产种苗，首先要编制生产技术方案、制订生产计划。技术方案编制要依据不同植物种类、植物的生物学特性、生态习性以及已有的成功经验等进行编制，内容主要包括：生产准备、植物组织培养技术路线设计、生产计划编制与实施等。生产计划的制订要根据每种植物组织培养工厂化生产的工艺流程。工艺流程的拟定又要根据生产目的和植物组织培养的技术路线。工厂化生产技术路线和工艺流程见图 12-1。

二、组培工厂的机构设置和岗位职责

组培工厂化育苗生产单位的机构设置、管理体制及管理制度等直接影响着组培技术的贯彻实施、人才及技术储备、潜能的发挥和企业生产效益的高低，是构成企业生产经营成败的重要因素。一般组培工厂主要的部门有：技术开发部、生产部、质量检验部、后勤部

和市场营销部等。各部分的分工及职责如下。

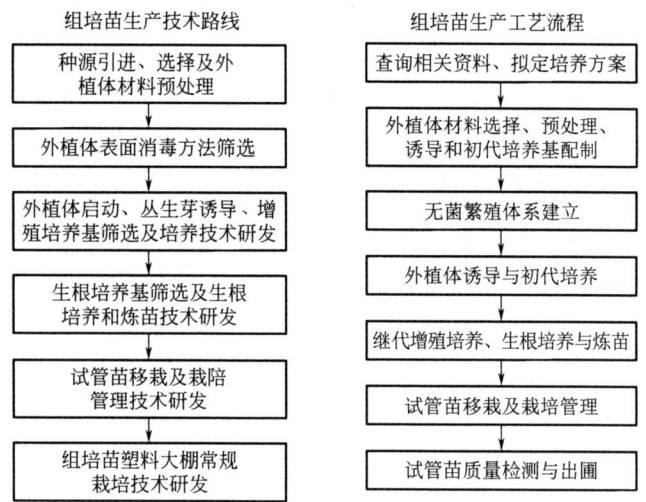

图 12-1　组培苗工厂化生产的技术路线和工艺流程

1. 生产部及人员职责

（1）**负责人**　主要职责是根据总体生产规划，制订具体生产计划，上报审批后负责实施；制定各生产环节的各项管理制度和技术操作规程，上报审批后负责实施；安排、协调下属各部门的日常工作；对下属人员进行考勤、考核；负责工人的业务学习和技能培训；生产上发现重大问题时及时研究解决，并上报处理意见及处理情况；生产部按生产作业分工，需招聘以下各工种工人，人员数量按生产任务而定。

（2）**勤杂、洗涤工**　主要职责是洗涤组培生产用的各种器皿、用具，保证培养基制作和接种的需要；负责生产作业区的公共环境卫生；组培苗的出货、包装等。

（3）**培养基配制灭菌工**　对培养基制作消毒人员的文化、技术技能素质要求较高，其主要职责是按操作规程配制培养基并灭菌，保证培养基配方正确无误、灭菌彻底，各种培养基代号标写清楚、无误，并做好登记；按要求及时提供所需的培养基和接种工作所需的无菌用品等；及时将灭菌后的培养基及用具等送至培养基贮备间，排放整齐，标记清晰；保持药品间、培养基制作消毒间的整洁，保持培养基贮备间的卫生，并经常用紫外线消毒；保持各种仪器设备的完好使用状态，各种药品、母液存放整齐有序，并做好各种药品的使用登记。

（4）**接种工**　对接种工的要求是有良好的无菌操作意识，接种操作敏捷，并有长时间接种操作的耐心。其主要职责是按操作规范进行接种，保质保量完成接种任务；接种后的材料及时标记清楚，填写接种工作日报表；接种后的材料及时转运培养间，由培养间负责人签收登记；做好缓冲间、接种间的清洁及消毒工作。

（5）**培养车间管理工**　对培养车间管理人员的要求是责任心强，掌握一定的组培相关知识，管理精心、细心。其主要职责是验收由接种间送来的培养材料，进行品种分类登记并及时上架。将各类培养材料按要求及时调控光照和温度，并按培养材料的增殖或诱导生根的需要及时转换架位，以保证试管苗的正常生长和生根；按培养材料的生长情况，及时

（一般每 5 天）上报需要继代、生根、移栽的各品种材料的数量及质量情况；做好各类材料出入库登记，保证随时能提供各类材料的库存量；及时检查污染材料，登记后清除，并移送消毒间经消毒后清洗；按生产部下达的计划，将需要继代转移的材料，送至接种室领班人员查收；每天定时记录培养间的温度和湿度，及时调整；培养架上的灯管损坏时应及时更换；保持培养间的整洁，材料排放整齐有序，并对培养间进行定期消毒。

（6）炼苗试管苗移植管理工　炼苗、试管苗移植管理人员宜选用有一定的温室或塑料大棚管理经验的人员担任。其主要职责如下：备足配制营养土所需的原材料，并按要求配制各类品种所需的营养土和配备好移植盘，做好移苗前营养土和移植盘的消毒；做好试管苗出瓶前的驯化炼苗；细心移栽和管理幼苗，提高移栽成活率；做好移栽记录，保证苗木品种不混杂；认真负责地做好温室（或大棚）的控温、通风、遮阳、喷水、打药、施肥等日常管理，保证苗木生长正常，保持温室、塑料大棚的整齐美观；做好出入库苗木登记，随时提供各品种苗木的数量和生长情况。

2. 质量检验部及人员职责

质量检验部是对组培商品苗木进行质量检验、分级的部门，对企业的品牌打造及形象维护起到重要的作用，质检人员必须熟悉组培生产的全过程，具有认真负责的工作态度。其职责如下：参照有关苗木质量标准，征求生产部和市场部负责人员的意见，主持制定各种苗木出厂的质量标准，上报审批后负责质量检验；按各部门制定的各项作业的定额管理和质量要求，负责监督检查；严格检查出售苗木的品种、质量的合格情况，签发质量合格证或苗木质量等级证；保存各项检验档案，备查，并注意技术保密。

3. 技术开发部及人员职责

技术开发部是生产技术改进、新品种和新技术引进、研制和开发新产品的重要部门，是企业能否持续发展的关键。要求从职人员有一定的植物组织培养工作经验和较高的技术素养。其主要职责如下：

① 按发展规划，结合市场需求，积极收集引进有开发潜力和前景的品种，建立种质资源库；

② 通过试验，研究各品种适宜的培养基配方及培养条件；

③ 原种材料增殖一定数量后按生产计划需要，连同培养基配方移交生产部投产。暂时未列入生产的原种继续少量继代保存，并进一步研究完善培养基配方；

④ 根据生产上出现的问题，及时开展试验研究，提出解决方案；

⑤ 根据生产发展的需要，研制、引进新品种和新技术，做好种源和技术贮备；

⑥ 做好各项试验的记录，并建立完整的技术档案，严格遵守技术保密制度。

4. 市场营销部及人员职责

在市场经济条件下，如何针对市场需求，打开产品销路和拓展市场份额，将直接影响经济效益和工厂的市场形象。对市场营销人员的要求是既要有吃苦耐劳的精神，又要有机动灵活和良好的沟通能力。其主要职责如下：

① 做好广告策划，制定产品目录、价格及产品介绍等，制定销售合同书和营销计划；

② 完成销售指标；

③ 及时反馈市场信息，并作出市场预测；

④ 做好产品的售后服务。

5. 后勤保障部及人员职责

以保障生产经营中必需的物资供应为主，兼顾职工的生活福利等方面的需求，其主要职责如下：

① 按生产要求，及时采购供应必需的仪器设备和各种物品，并做好物品出入库登记；

② 保证水、电及物资供应正常；

③ 负责仪器设备的维修，保证各种仪器设备能正常运转；

④ 做好职工的生活福利及各类生活设施（必要的食、宿条件和交通工具等）。

三、组培工厂的主要技术参数

1. 培养基的需要量

大多数的组培工厂多半利用容量为 $250 \sim 300mL$ 的组培玻璃瓶作为培养瓶，每瓶分装的培养基底应约为 $1.0 \sim 1.5cm$ 高，容积 $30 \sim 50mL$，这样，一般 1L 培养基可分装 $30 \sim 20$ 瓶，按每瓶接种 $5 \sim 7$ 个芽（或团块），这样每 100L 培养基即可接种 1 万 ~ 1.5 万个芽。组培工厂化生产育苗，也有选用耐高温消毒的透明塑料袋培养的，则每升培养基的接种量可大幅度提高。不同的植物品种，由于材料增殖方式不同，每升培养基的接种量不尽相同。另外，在诱导生根培养时，为获得壮苗，常需要减少每瓶的接种数量。因此，根据订单制订生产计划，首先要计算好培养基的需要量。

2. 增殖系数和继代周期

多数植物的组培育苗生产，合理的增殖系数常数控制在 $3 \sim 5$ 左右。增殖系数小于 3 时，生产效率太低，生产成本相对提高；但如果增殖系数大于 5 时，增殖的丛芽过多，相对可用于生根的壮苗材料减少而且难以获得优质苗，影响生根质量和后期移栽成活率，而且容易出现材料畸形，影响种苗质量。继代周期根据不同植物的生长习性和培养条件而异，但最好能控制在 $25 \sim 35d$ 左右。如果继代周期过长，一方面由于需要光照等管理而增加生产成本，另一方面由于培养基陈旧，营养耗尽，会出现材料枯黄，此外若瓶口封闭不严将增加污染率。继代周期过短，由于培养基营养还没来得充分利用和材料转接频繁也会增加生产成本。

3. 生根诱导与增殖培养的比例

继代后形成能诱导生根的芽和继代增殖芽的比例应根据增殖系数和出苗计划进行控制，一般不小于 $1 : 3$。即每次继代培养后，生产上最好有 1/2 的芽苗（高度 $>1 \sim 3cm$）供生根诱导。譬如，一瓶接种 6 个芽，增殖系数为 3，在再次继代转移时，18 个芽中应至少有 9 个芽抽长至一定高度（$1 \sim 3cm$），可供生根诱导。如果某些品种在初期由于种芽数量少，急需迅速扩大基础芽量时，可考虑适当加大细胞分裂素的浓度，增大增殖系数进行丛芽增殖，以迅速扩大基础芽量。某些品种在丛芽增殖后必须通过壮苗培养才能获得较为高壮的芽诱导生根，在壮苗培养后就能获得更高比例的可诱导生根的芽。当生产后期某一品种材料的基础芽量已经过剩时，须减少丛芽增殖，增加用于诱导生根的芽的比例。总之，应根据订单任务需求，调节控制好生根诱导和增殖培养的芽苗比例。

生根诱导培养的时间以 20 ～ 30d 为宜，生根率不应小于80%，每株的发根数在 2 ～ 3 条以上。生根诱导的时间过长，不但易引起培养基污染，而且发根的整齐度不一，影响苗生长的整齐度，给集中移栽带来困难。如果生根率过低，则生产成本极高，发根数太少，则将降低移栽成活率，对大规模生产均不利。

4. 试管苗移栽成活率

试管苗移栽是组培的最后一步，是非常关键的技术环节，其成活率的高低决定了组培生产是否成功，直接关系到组培苗的生产成本，决定组培技术在生产中的应用。对于木本药用植物来说移栽成活率一般要高于70%，而草本植物一般要高于90%。

四、组培生产规模与生产计划

根据目前一般组培实验室和组培育苗工厂的生产设施及技术水平，通过调控组培快繁的主要技术参数，例如增殖系数、继代周期、生根率和试管苗移植成活率等，以及培养条件等制订组培育苗工厂的生产计划。

1. 试管苗产量的估算

试管苗的增殖率是指植物快速繁殖中间繁殖体的繁殖率。估算试管苗的繁殖量，以苗、芽或未生根嫩茎为单位，一般以苗或瓶为计算单位。年生产量（Y）决定于每瓶苗数（m）、每周期增殖倍数（X）和年增殖周期数（n），其公式为：$Y=mX^n$。如果每年增殖 8 次（$n=8$），增殖倍数为 4（$X=4$），每瓶 8 株成苗（$m=8$），全年可繁殖的苗是：$Y=8\times4^8\approx52$（万株）。此计算为生产理论数字，在实际生产过程中还有其他因素如污染、损耗等造成一些损失，实际生产的数量应比估算的数值低。

2. 生产计划制订

根据市场的需求和种植生产时间，制订全年植物组织培养生产的计划。制订生产计划需要全面考虑、计划周密、工作谨慎，正常因素和非正常因素均要考虑在内。制订出计划后，在实施过程中也容易发生意外事件。制订生产计划必须注意以下几点：①对各种植物组织培养过程中的增殖率、生根率、成苗率和试管苗移植成活率等技术指标的估算应切合实际；②要有植物组织培养全过程的技术储量（外植体诱导技术、中间繁殖体增殖技术、生根技术、炼苗技术和试管苗移栽管理技术）；③要掌握或熟悉各种组培苗的定植时间和生长季节。

（1）确定供货数量、供货时间和供货数量　生产计划是根据市场需求情况和自身生产能力制订出的生产安排。如果有稳定的订单就可以根据订单要求，同时考虑市场预测来安排生产。在无大量定购苗之前，一定要限制增殖的瓶苗数，并有意识地控制瓶内幼苗的增殖和生长速度。通常可通过适当降温或在培养基中添加生长抑制剂和降低激素水平等方法控制，或将原种材料进行低温或超低温保存。

根据订单和市场预测确定苗木生产数量后，尤其是直接销售刚刚出瓶的组培苗或正在苗盘中驯化的组培幼苗，必须明确供货时间。虽然组培育苗在理论上说是可以全年生产，任何时候都可以出苗，然而，在实际育苗实践中由于受大田育苗的季节性限制，一般出货时间主要集中在秋季和春季，尤其是在早春。春季出货的组培苗在温室或塑料大棚中经过短时间的驯化后即可移栽入大田苗圃，可以大大地降低育苗成本。

（2）安排生产计划　在确定了供货数量和供货时间后，就可以制订具体的生产计划。首先要考虑的是种苗基数。如果没有现成的试管种苗，需要从外植体消毒开始接种制备种苗，这样常常需要 5～8 个月或更长的时间才能获得供正常增殖生产需要的繁殖材料。有了一定数量的繁殖材料，则可以根据该品种的增殖系数、继代周期、壮苗需要、成苗率和生根率、移栽成活率，以及污染损耗等技术参数和一定的保险系数，并根据实际生产能力，初步安排具体的生产日程计划。一般有以下两种方案选择。

方案一：如果供苗时间比较长，从秋季一直到春季分期分批出苗，则可以在继代增殖 4～5 代后开始边增殖边诱导生根出苗。因为一般组培苗在第四至第十次继代时增殖最正常，效果最好（表 12-1）。试管苗的存苗数中，约 1/3 继续增殖壮苗，2/3 用于诱导生根。实际用于生根的绿茎数更大。

表 12-1　方案一的组培苗生产计划

培养时间 /d	继代次数	继代增殖苗	诱导生根苗
		种苗 × 增殖系数 ×[1- 污染损耗率（5%）]	绿茎数 × 生根率 ×（1- 污染损耗率）
0～40	0	50×5×（1-5%）=237	
80	1	237×5×（1-5%）=1125	
120	2	1125×5×（1-5%）=5343	
160	3	5343×5×（1-5%）=25379	
200	4	25379×5×（1-5%）=120550	
240	5	120550×3×（1-5%）=343567*	
280	6	110000×3×（1-5%）=313500	233567×0.7×（1-5%）=155322
320	7	110000×3×（1-5%）=313500	203500×0.7×（1-5%）=135328
360	8	110000×3×（1-5%）=313500	203500×0.7×（1-5%）=135328
400	9	留 100～200 芽作种苗保存	＞ 203500×0.7×（1-5%）=135328
合计			＞ 561306

*注：343567 个芽中，110000 用于继代，233567 用于生根

方案二：如果供苗时间集中，但又有足够长的时间可供继代增殖，则可以连续多代增殖，待存苗达到一定数量后，再一次性壮苗、生根，集中出苗（表 12-2）。其中约有 1/5 绿茎已符合生根要求，可用于诱导生根。

表 12-2　方案二的组培苗生产计划

培养时间 /d	继代次数	继代增殖苗	诱导生根苗
		种苗 × 增殖系数 ×[1- 污染损耗率（5%）]	绿茎数 × 生根率 ×（1- 污染损耗率）
0～40	0	50×5×（1-5%）=237	
80	1	237×5×（1-5%）=1125	

续表

培养时间 /d	继代次数	继代增殖苗	诱导生根苗
		种苗 × 增殖系数 ×[1- 污染损耗率（5%）]	绿茎数 × 生根率 ×（1- 污染损耗率）
120	2	1125×5×（1-5%）=5343	
160	3	5343×5×（1-5%）=25379	
200	4	25379×5×（1-5%）=120550	
240	5	120550×5×（1-5%）=572612	
280	6	452612×3×（1-5%）=1289944	120000×0.7×（1-5%）=79800 ＞ 859962×0.7×（1-5%）=571874
合计			＞ 651674

除上述两种方案之外，还可以设计出其他方案。但是，必须注意的是在初步方案制订出来后，要根据每次继代时所需的工作量（尤其是达到最大工作量时）与实际操作的能力（每天可以接种的苗量等）进行调整，再利用多种生产品种和多种生产方案的配合，制订出全年具体的生产计划，使日常工作量尽可能达到均衡，以利于提高设备的利用率和人力合理安排。为保险起见，以上计划将继代周期设计为 40d。生产计划制订后，在具体操作时由于各种原因，还必须及时进行修改和调整。

五、组培苗的生产成本与经济效益的概算

1. 直接成本

直接成本即是直接用于组培苗生产的各种资金投入，包括原料、耗材、水电费和人员工资的成本。按每生产 200 万株苗的全过程中（包括继代接种、生根诱导等）约耗用30000 ～ 40000L 培养基推算，培养基制备的药品、人工工资、水电消耗及各种消耗品（如乙醇、刀具、纸张、记号笔等）约需直接生产成本 60 万～ 80 万元。其中，生产期间的水电消耗和人工工资常占极大比重，如果能充分利用自然光来减少人工光照和合理利用光源、采用机械化和人工智能将大大降低成本。此外，随着各项生产技术的改进、提高和自动化设备的引进，扩大生产规模也可以有效地降低直接生产成本。一般情况下每株组培瓶苗的直接成本可控制在 0.30 ～ 0.40 元左右或更低。

2. 间接成本

（1）**固定资产（厂房、设备及设备维修等）折旧**　按年产 200 万苗的组培工厂规模，按需厂房和基本设备投资 180 万元左右计，如果按每年 10% 折旧推算，即 18 万元的折旧费，则每株组培苗将增加成本费 0.09 元左右。

（2）**市场营销和经营管理开支**　如果市场营销和各项经营管理费用的开支按苗木原始成本的 20% 运作计算，每株组培瓶苗的成本约增加 0.06 ～ 0.08 元。

（3）**生产风险附加费及技术开发费**　按技术开发费为直接成本的 8%，风险附加费为直接成本的 5%，每株组培苗成本约增加 0.04 ～ 0.05 元。

3.经济效益概算

以上各项成本费合计计算，每株组培幼苗的生产成本约 0.49 ~ 0.60 元。在生产中，可以通过技术革新、提高生产效率、降低能耗、加强管理来降低成本，目前大部分组培瓶苗的生产成本都可控制在 0.30 ~ 0.50 元。但总的来说，成本还是较高，因此，组培育苗工厂在选择投产的植物品种时必须慎重。应首先选择有市场前景、售价高、用传统育苗方式生产有限的品种进行规模生产，否则可能造成亏损。

4.组培苗的增值

随着生产技术、经营管理水平的提高和扩大规模生产效益，可使生产成本进一步降低。此外，还可以考虑从以下途径使组培苗增值，提高工厂总体的经济效益。

（1）销售筛盘苗或营养钵苗 组培瓶苗，由于移栽成活较为困难，常常销售不畅，价格也难以提高。因此，组培工厂除直接销售刚出瓶的组培瓶苗外，可以扩大移入营养土中的筛盘苗（或营养钵苗）的销售。这时组培苗已移栽入土，成活有保障，不但农民易于接受，而且价格也较易提高。一般可增值 50% ~ 100% 或更多。如果再进一步在田间苗圃培养 7 ~ 10d，按成苗出售则常可增值 2 ~ 3 倍，甚至更多。尤其是一些名贵药用植物或珍稀名贵植物成苗，其增值更为可观。

（2）培养珍稀名贵植物和无病毒种苗 对某些珍稀名贵植物和一些无病毒种苗，可以控制一定的生产量，自行建立原种材料圃，按种苗、种条提供市场批量销售，常可获得极高的经济效益，例如药用植物大叶南五味子（黑老虎）、稀有蝴蝶兰新品种组培苗价格曾经高达 5 元一株。

（3）培养专利品种组培苗 积极研制和开发有自主知识产权的专利品种的组培苗生产，同时采取品牌经营策略实现品牌效应，将更有利于经济效益的稳定增长。

（4）利用组培苗建立采穗圃进行组培苗嫩梢扦插 利用组培苗的幼态化，采用组培苗嫩梢进行扦插，可加快插条的生根、提高扦插的生根率和成苗率，扩大生产规模，大大降低单株苗的生产成本。

（5）利用组培法提高培养物的有效药用成分含量 对于一些药用植物不一定需要培养成苗，可直接利用培养基调节而提高培养物的有效药用成分的含量，从培养物中提取有效药用成分，从而提高药用植物的价值。

植物组织培养育苗工厂，尤其是组培苗生产车间的设计是否合理，是直接关系到生产效率、经营成本和总体经济效益的大事，切勿草率行事。在参考上述各项规划设计要求的基础上，尽可能多地考察一些国内外卓有成效的组培育苗工厂，并结合自身的实际条件综合考虑，才能制订出比较合理且经济实用的组培苗工厂设计方案。当然，具体的厂房、辅助建筑、温室等的基建图纸、选料和施工等还必须在相关建筑设计和施工的专业人员指导下进行。

六、年产 100 万株迷迭香组培苗工厂化生产育苗实施方案

以年产 100 万株迷迭香组培苗工厂化生产育苗实施方案为例，介绍年产 100 万株组培苗所需要的厂房规模及设施设备，以及在实际生产过程中，生产计划的制订，生产成本的

核算。

1. 年产 100 万组培苗的厂房要求及主要设备

本工厂主体部分由洗涤间、称量室、培养基配制消毒室、无菌操作室、研究开发室、培养室、炼苗玻璃温室、试管苗移栽种植塑料大棚及扦插育苗简易塑料大棚等组成。

（1）洗涤间　面积约 50m²，是洗涤玻璃器皿、用具和衣物的地方，内设有水龙头、洗涤盆、洗衣机、烘箱、洗瓶机和塑料筐等。

（2）称量室　面积约 20m²，内设有保存药品用的药柜、电冰箱、称量平台、电子天平（精确度为 1/10 和 1/10000 两台）等。

（3）培养基配制室　面积约 70m²，主要在这里进行培养基的配制、分装及灭菌。内设有电热蒸馏水器、离子交换纯水器、煤气炉、电磁炉、不锈钢锅、工作台，电导仪、PH 计、培养基分装机及超声波清洗机等。

（4）无菌操作室　面积约 50m²，内设超净工作台、小平板车、装瓶塑料筐等，要求室内地表平滑。

（5）研究开发室　面积约 20m²，内设有人工气候箱、高速冷冻离心机、超净工作台、解剖镜、显微镜及摇床等。

（6）培养室　面积约 2 间共 110m²，是组培苗培养的地方，内设培养架 80 个，每架 8 层，放瓶 120 个，可一次存瓶苗 76800 瓶，每瓶每年可出苗 30 株，每年共可出苗 2304000 株，完全满足年产 100 万苗的需要。

（7）炼苗玻璃温室　面积约 128m²，是生根炼苗的地方，内设炼苗架 18 个，每架 7 层，每层可存 660 瓶，可以存生根瓶苗 83160 瓶，每瓶两个月出苗 6 株，一年共可出苗 2993760 株。

（8）试管苗移植塑料大棚　3 座连体大棚面积约 1344m²，内设活动式施肥喷药设备系统一套，半自动式喷雾装置，整座塑料大棚分为 3 个区，可存放 5000 个筛，每筛可种植 72 株，整座塑料大棚可一次性存放 360000 株，如按 4 个月周转一次，则整座塑料大棚每年可出苗 1080000 株。

（9）苗圃　面积约 0.5hm²，主要规划为两个区即采穗圃和育苗区，内设有工作棚 50m² 及基质混合搅拌机、粉碎机等其他的育苗设施。

此外，还需要设仓库 100m²，办公室 50m²，业务室 30m²，运送瓶子和试管苗的升降机和现代化管理用的电脑 2 台。整个工厂厂房总面积 500m²，塑料大棚面积 1344m²，玻璃温室面积 128m²，苗圃 0.5hm²。

2. 迷迭香工厂化育苗生产的几个关键技术

（1）品种选择　进行大批量生产的组培苗木，必须是市场需求量大，品质优良的品种，而且该品种的组织培养的各个关键环节都已经中试过关，并已摸清其生产的工艺流程，如该树种芽增殖率、生根率及移栽成活率等，都应达到一定的要求。为保证组培苗的优良遗传性状、外植体材料必须来自经过测定其性状稳定、品质优良的优良单株。

（2）无菌繁殖材料的建立　包括外植体消毒与不定芽诱导、继代增殖、生根诱导等一系列技术环节。这是工厂育苗成功与否的第一步，为取得较高的成功机会，迅速建立起无菌繁殖体材料，必须做大量的工作和大量的试验，并进行最佳方案的筛选。

（3）**试管瓶苗的移栽** 试管苗移栽是组织培养工厂化育苗成败的关键，影响其成活的因素很多，主要有温度、湿度、光照、基质成分及其排水透气性、试管苗木质化及强壮程度等。但关键的因素是试管苗木质化强壮程度、湿度及温度。对于迷迭香来说，光照也是一个极其重要的因素，其中，试管苗木质化及强壮程度是移栽成活的基础，而湿度及温度等是试管苗移栽成活的重要保证。迷迭香为喜光性植物，光照强度影响苗木的木质化程度和苗的强壮程度。

（4）**迷迭香工厂化育苗成本、效率及管理** 在进行组织培养工厂化育苗的生产过程中除了各技术要过关外，还必须考虑如何提高效率，降低苗木的生产成本。这就要求整个生产工艺流程的布局、运转、各环节之间的衔接要科学合理，操作要熟练，工艺技术要精湛，生产过程尽量采用机械化和自动化。整个生产工艺流程的设计需要完全根据组织培养及扦插育苗的特点进行。把生根阶段和炼苗阶段结合在一起，节约了培养室空间和电力资源，大大缩短了试管苗的培养时间，同时又达到苗壮、提高苗木质量、成苗率和移栽成活率等目的。采用机械化进行洗瓶、培养基分装、运输、施肥、喷药和基质配制。在生产过程中，还要重视管理制度的建立，进行现代化科学的管理。所有这些措施可以大大节约劳动力，提高生产效率，降低生产成本。把组织培养和扦插结合在一起，可以大大降低苗木成本。

3. 年产 100 万株迷迭香效益分析

（1）**基建投资** 室内基建投资按 850 元 /m² 计算，共需 500m²，投入资金 42.5 万元，装修及水电安装费按 500 元 /m² 计算，投入资金 25 万元，共计投资约 67.5 万元。

玻璃温室一座 128m²，按 500 元 /m² 计算，共需投入资金 64000 元，塑料大棚 3 座（连体）共 1344m²，按 320 元 /m² 计算，共需投入资金 430080 元，共计投资约 494080 元。

（2）**设备投资** 按组织培养工艺流程，其设备分为室内和室外两大系统，室内系统包括：纯水制备、玻璃器皿洗涤、药品称量、培养基配制、培养基消毒、接种转移及光照培养等 7 部分，室外系统包括试管苗生根炼苗培养、试管苗移栽和试管苗种植管理等 3 部分。所需仪器设备共需投资约 45.2 万元。

（3）**100 万株组培苗产量推算** 在核算每株试管苗的生产成本，需统计生产 100 万株苗所需的继代瓶数，以各项技术指标如芽增殖率、生根率及移栽成活率等为依据。第一个月以 100 瓶继代苗为基础，每瓶有芽 10 个以上，继代周期为一个月，芽增殖率为 4 倍，到第 5 代时，将 3/4 用于生根，1/4 继续增殖，1 瓶继代苗可以分接 1.2 瓶生根苗，生根试管苗每瓶接种 8 株。生根率 95%，移栽成活率 90%，年产 100 万株试管苗室内生产过程见表 12-3。

表 12-3 年产 100 万株试管苗室内生产过程

月份	分化瓶数（A）	增殖继代瓶数（B）	生根瓶数（C）
1	100		
2	400		
3	1600		

月份	分化瓶数（A）	增殖继代瓶数（B）	生根瓶数（C）
4	6400		
5	25600	将原25600瓶（A）中的6400（B）瓶用于增殖，倍数为4，下同 6400×4	剩余25600（A）–6400（B）=19200（C）用于生根，可分接1.2瓶生根苗，下同 19200×1.2
6	25600	6400×4	19200×1.2
7	25600	6400×4	19200×1.2
8	25600	6400×4	19200×1.2
9	25600	6400×4	19200×1.2
10	25600	6400×4	19200×1.2
11	25600	6400×4	19200×1.2
12	25600	6400×4	19200×1.2
合计瓶数	213300		184320

注：关系公式 A–B=C，A 为芽丛分化试管苗瓶数，B 为留下来的用来下次增殖的试管苗瓶数，C 为生根的继代苗瓶数。

上表所列生产过程中，最终可育出 184320×8×0.95×0.9=1260749 株迷迭香组培苗，去除一些损耗等因素，保险能完成 100 万株的订单。接受订单开始，生产 100 万株需要培养基共需要 213300+184320=397620 瓶，接种工一台班可接 250 瓶，即需要 1590 工作日，共需要 6 个工人接种一年（一年开工约 300 天计）。

4. 组培苗成本核算

（1）培养基成本 根据计算，配制 MS 培养基 1L 需用药物价款 0.081 元，食用蔗糖 0.130 元，琼脂 0.600 元，以上合计配制 1L MS 培养基共需 0.81 元。培养基灭菌 1L 用电 2kW·h（1kW·h=3.6MJ），每 kW·h 电费 1.00 元，所需电费为 2.0 元/L（1L 培养基可分装 30 瓶），以上各项合计，配制 1L 培养基需款 2.81 元，即每瓶培养基配制成本为 0.09 元（不包含人工费）。

（2）接种及培养成本 接种用电：每升培养基接种用电 0.2kW·h，每瓶电费 0.0067 元。培养用电：2.24kW·h/（架·天）（1 个架 7 层、每层 100 瓶）×30 天 =67.2kW·h，1.00 元/（kW·h）×67.2kW·h=67.2 元/（架·周期），每瓶苗耗培养电费 0.096 元/周期。培养室空调用电：（24.0 元/天·台 ×3 台 ×200 天）÷397620 瓶 =0.05432 元/瓶。1 瓶苗所需的接种人工费：115.4 元/250 瓶 =0.46 元/瓶。洗涤、培养室管理、接种、培养基配制的人工费：3000 元/（月·人）×12 月 ×11 人 =396000 元/年。

（3）基建设备折旧费用 建成一个年产 100 万苗的组培工厂需基建约 67.5 万元，按 20 年折旧算，每年 33700 万元，仪器设备 45.2 万元，按 10 年折旧算，每年 45200 元。

（4）每株组培瓶苗总成本 组培瓶苗成本（年产 100 万苗年成本）：培养基成本为 0.09 元/瓶 ×397620 瓶 =35785.8 元；接种及培养电费：接种用电为 0.0067 元/瓶 ×397620 瓶 = 2664.05 元；培养用电为 0.096 元/瓶 ×397620 瓶 =37181.52 元；培养室空调用电为 0.05432 元/瓶 ×397620 瓶 =21600 元；基建仪器设备折旧费：78900 元；水费：14579.4 元；洗

涤、培养室管理、接种、培养基配制的人工费：396000 元。以上 5 项合计成本共 586710.77 元 / 年，每株组培瓶苗成本为 0.587 元。

（5）组培瓶苗苗圃育苗成本核算

① 育苗基础设施投资成本：玻璃温室一座 128m²，塑料大棚 3 座（连体）共 1346m²，成本共计 494080 元（含喷雾及排气通风系统）；0.5hm² 苗圃土地平整，灌、排水系统及水电安装费 34200 元，共计 528280 元，按 10 年折旧算，每年为 5.2828 万元。年产 100 万苗，平均每株 0.053 元。

② 组培瓶苗移栽成本核算：育苗容器为育苗筛，4000 个，每个 2.5 元，共 10000 元；塑料薄膜及荫网，包括塑料薄膜 8 捆，每捆 170 元，共 1360 元，遮阴网 16 捆，每捆 65 元，共 1040 元，合计共 2400 元；玻璃温室放苗架，18 个，每个 720 元，共 12960 元，按 5 年折旧算，每年为 2592 元；基质，河沙（100m³）和泥炭土（50m³）共 55000 元；人工费，包括洗苗、基质配制消毒、移栽、种植、管理等，年产 100 万苗，共需 4 人，工资 3000 元 /（月·人），合计共 14.4 万元；水电、肥料、农药等费用约 22000 元；施肥、喷药等育苗设施 32000 元。以上 7 项合计即瓶苗出培养室后到苗出圃所需成本（100 万苗）共 26.7992 万元，即每株瓶苗出培养室后到苗出圃所需成本为 0.268 元。

（6）其他成本　管理人员：经理 1 人，60000 元 / 年；技术人员：技术总负责人 1 人，60000 元 / 年；后勤服务人员：财务兼文秘 1 人，48000 元 / 年。3 项合计共 16.8 万元 / 年，年产 100 万苗，平均每株 0.168 元。

以上各项统计每株组培苗（筛苗）总成本：0.587 元 + 0.053 元 + 0.268 元 + 0.168 元 = 1.076 元。

5. 效益分析

从以上所述的各项成本核算结果显示工厂所产的迷迭香组培苗每株成本为 1.076 元。如本厂年产 100 万株苗，售价 1.5 元 / 株（7 ～ 10cm），则销售额可达 150 万元，除去成本组培苗 107.6 万元，可得利税 42.4 万元。本方案每年可提供 100 万苗的迷迭香种苗，解决目前社会上种苗短缺，无法大面积推广种植，形成规模化生产的局面。同时解决我国提取天然抗氧化剂原料不足的问题。另外，本方案生产的种苗，每株只售 1.5 元，如靠进口每株则需 3.0 元，具有较大的市场竞争力。

练习与思考

1. 简述组培工厂化育苗生产技术。
2. 组培育苗工厂的机构应如何设置？
3. 如何进行组培育苗的生产成本与经济效益概算？

任务十　制订年生产 10 万株菊花组培苗订单生产规划方案

【任务目的】

1. 进一步深入认识组培生产的阶段、周期和特点。
2. 能根据订单，合理设计组培苗生产规划。

【材料工具】

笔、计算器、绘图纸等。

【任务实施】

1. 了解生产 10 万株菊花组培苗订单要求。

2. 询问企业导师，获得菊花的诱导分化期时间、诱导率、继代周期、增殖倍数、污染率、苗损耗率、移栽成活率等数据。

3. 获得数据如下：菊花的诱导分化期为 90 天，诱导率约为 30%，继代周期为 30 天，增殖倍数为 4 倍，污染及苗损耗率合计约为 10%，继代与生根培养方式相同，培养基相同。生根与炼苗同时进行共计 30 天，每瓶接 8 个芽，生根率 90%，移栽成活率为 90%。大棚管理 30 天即可出售。

4. 依据生产规模计算需要培养的试管苗瓶数。

生根试管苗瓶数 = 生产规模 /（移栽成活率 × 生根率 × 每瓶接的芽的数量）=15432 瓶

5. 制订生产计划如下表 12-4。

表 12-4　年产 10 万株试管苗室内生产过程

月份	接种瓶数	备注说明及计算过程
1	100 瓶外植体 （诱导培养）	
2	诱导培养	
3	成功诱导 30 瓶	进行芽的增殖，每瓶接 8 个芽（以下同） 30×4×90%=108 瓶
4	增殖 108 瓶苗	108×4×90%=388 瓶
5	增殖 388 瓶苗	388×4×90%=1396 瓶
6	增殖 1396 瓶苗	1396×4×90%=5025 瓶
7	增殖 5025 瓶苗	5025×4×90%=18090 瓶 （此时可进入生根）
8	将 10890 瓶苗进行生根与炼苗一个月	10890×8×90%（生根率）=130248（株）
9	移栽 130248 株苗	130248×90%（移栽成活率）=117223（株）
10	获得 117223 株菊花商品苗	大棚栽培管理 30 天
11	订单完成	按订单要求交付

6. 参考上表，自行设计一份合理的年生产 10 万株菊花组培苗订单生产规划方案，可使用倒推法进行推算。

【完成工作手册】

将结果与记录填入工作手册中，并完成任务评价。

结果与评价表单

附录　常用培养基配方

单位：mg/L

成分		MS（1962）	White（1963）	N6（1974）	B5（1968）	Heller（1953）	Nitsh（1972）	Miller（1967）	SH（1972）
无机物	NH_4NO_3	1650						1000	
	KNO_3	1900	80	2830	2527.5			1000	2500
	$(NH_4)_2SO_4$			463	134				
	$NaNO_3$					600			
	KCl		65			750		65	
	$CaCl_2 \cdot 2H_2O$	440		166	150	75	166		200
	$Ca(NO_3)_2 \cdot 4H_2O$		300				347		
	$MgSO_4 \cdot 7H_2O$	370	720	185	246.5	250	185	35	400
	Na_2SO_4		200						
	KH_2PO_4	170		400			68	300	
	K_2HPO_4								300
	$FeSO_4 \cdot 7H_2O$	27.8		27.8			27.85		15
	$Na_2\text{-}EDTA$	37.3		37.3			37.75		20
	$Na\text{-}Fe\text{-}EDTA$				28				
	$Fe(SO_4)_3$		2.5						
	$MnSO_4 \cdot 4H_2O$	22.3	7	4.4	10	0.01	25	4.4	
	$ZnSO_4 \cdot 7H_2O$	8.6	3	1.5	2	1	10	1.5	
	Zn（螯合物）					0.03			10
	$NiCl_2 \cdot 6H_2O$								1.0
	$CoCl_2 \cdot 6H_2O$	0.025							
	$CuSO_4 \cdot 5H_2O$	0.025							
	$AlCl_3$								
	MoO_3		0.001						
	$Na_2MoO_4 \cdot 2H_2O$	0.25							
	TiO_2								
	KI	0.83	0.75	0.8	0.75	0.01	10		1.0
	H_3BO_3	6.2	1.5	1.6	3	1		1.6	5.0
	$NaH_2PO_4 \cdot H_2O$		16.5		150	125			
有机物	烟酸（维生素 B_3）	0.5	0.5	0.5	1				5.0
	盐酸吡哆醇（维生素 B_6）	0.5	0.1	0.5	1	1.0			5.0
	盐酸硫胺素（维生素 B_1）	0.1	0.1	1	10				0.5
	肌醇	100			100		100		100
	甘氨酸	2	3	2					

参考文献

[1] 王洪习，蔡冬元.植物组织培养技术 [M].北京：机械工业出版社，2013.

[2] 彭星元.植物组织培养技术 [M].北京：高等教育出版社，2006.

[3] 钱子刚.药用植物组织培养 [M].北京：中国中医药出版社，2007.

[4] 陈世昌，徐明辉.植物组织培养 [M].3 版.重庆：重庆大学出版社，2016.

[5] 李春龙，万群，唐敏.植物组织培养 [M].成都：西南交通大学出版社，2016.

[6] 莫小路，姚军.药用植物组培快繁技术 [M].北京：化学工业出版社，2020.

[7] 刘红美，方小波，夏开德，等.多花黄精组织培养快繁技术的研究 [J].种子，2004（12）：13-17.

[8] 陆兵.铁皮石斛组织培养研究进展 [J].黑龙江农业科学，2009（2）：164-167.

[9] 马慧，郭扶兴，周俊彦，等.百合叶片愈伤组织的诱导和植株再生 [J].植物生理学通讯，1992，28（4）：284-287.

[10] 曹嵩晓，李碧英，李娟玲，等.广藿香组织培养快繁技术的研究 [J].热带生物学报，2011，02（2）：143-147.

[11] 刘娜.植物病毒及脱毒研究之进展 [J].北京农业，2012（21）：80-81.

[12] 丁文雅.植物组织培养脱毒技术与检测方法 [J].农业科技通讯，2009（03）：75-77.

[13] 赵霜，李青，戴思兰.不同方法脱除菊花体内 3 种病毒效果的研究 [J].西北农林科技大学学报（自然科学版），2013，41（08）：168-174，181.

[14] 尤燕平，彭诗怡，等.茎尖培养法脱除菊花 B 病毒的研究 [J].南京农业大学学报，2013，36（05）：144-148.

[15] 熊丽，吴丽芳.观赏花卉组织培养与大规模生产 [M].北京：化学工业出版社，2002.

[16] 张振霞.红掌组织培养研究进展 [J].韩山师范学院学报，2006，27（3）：105-108.

[17] 张华通，何旭君等.广藿香组培工厂化育苗技术体系研究 [J].热带农业科学，2020（06）：35-41.

[18] 何旭君，赵静，吴坤林，等."增城蜜菊"茎尖培养脱毒技术 [J].热带农业科学，2019（07）：27-32.

[19] 李小川，张华通，周丽华，等.迷迭香带芽茎段的组织培养技术 [J].经济林研究，2006（03）.

[20] 杨艳君，陈林晶，李洪燕，等.白掌组织培养体系的建立及优化 [J].晋中学院学报，2021，38（03）：22-27.

[21] 郑萍，康丽云，黄才华，等.红掌组织培养过程中的外植体褐变研究 [J].吉林农业，2018，427（10）：72-73.

[22] 刘克林，岳涵，贺国鑫，等.红掌组织培养技术体系的建立 [J].绿化与生活，2020，283（12）：51-53.

[23] 杨国泰，李亮，张冬敏，等.克服植物组织培养中内生菌污染的研究 [J].中国园艺文摘，2011，027（012）：180-182.

[24] 滕秀兰，史绍林.林木组培工厂化育苗中增殖培养优化技术探讨 [J].防护林科技，2018，000（005）：80-86.

[25] 邹悦，刘文钰.植物组织培养过程中存在的问题及预防措施 [J].上海蔬菜，2020，175（06）：79-81.

[26] 温璐华，武瑞娜.植物组培内生菌污染的防治措施 [J].防护林科技，2020（2）：83-85.

[27] 洪健，周雪平.ICTV 第九次报告以来的植物病毒分类系统 [J].植物病理学报，2014，44（6）：561-572.